建学丛书之十

节地
节能
节水
节材
——BIM与绿色建筑

冯康曾　彭国忠　高海军　于天赤　鲍　冈　编

中国建筑工业出版社

图书在版编目（CIP）数据

节地·节能·节水·节材——BIM与绿色建筑／
冯康曾等编．— 北京：中国建筑工业出版社，2015.2
（建学丛书之十）
ISBN 978-7-112-17909-1

Ⅰ．①节…　Ⅱ．①冯…　Ⅲ．①生态建筑－建筑设计
Ⅳ．① TU18

中国版本图书馆CIP数据核字（2015）第050961号

责任编辑：王　跃　杨　虹
责任设计：张　虹
责任校对：姜小莲　刘梦然

建学丛书之十
节地·节能·节水·节材——BIM与绿色建筑
冯康曾　彭国忠　高海军　于天赤　鲍　冈　编

*

中国建筑工业出版社出版、发行（北京西郊百万庄）
各地新华书店、建筑书店经销
北京嘉泰利德公司制版
北京中科印刷有限公司印刷

*

开本：787×1092 毫米　1/16　印张：$9^3/_4$　字数：283千字
2015年4月第一版　2016年10月第四次印刷
定价：46.00元
ISBN 978-7-112-17909-1
　　　　（27071）

序

——不成为"序"的序

在建学广大员工的支持下，在中国建筑工业出版社的指导帮助下，《建学丛书》已经出到第十集。在高兴之际，我不禁又要想起我们的创始人之一：孙芳垂大师。

孙总对建学的发展考虑是全方位的，其中写书出版是一个重点。他自己亲自编写的《优化》集，在业界得到很高的评价，对我们大家是个很大的促进和鼓励。

设计单位搞研究、出书——反映了单位的生气和活力，说明它总是在总结自己的设计经验，通过总结选择研究改进的方向。我看到英国哈迪德事务所专人研究参数设计的理论，并把它视为21世纪的一种国际风格（尽管对此论点可以有争议，但它的研究探讨是很深入的）。我又特别钦佩意大利建筑师伦佐·皮亚诺，他在自己承担的大型工程中总是要使用和开发一些重要的新技术，例如他在太平洋小岛上设计的特吉巴奥（当地的民族英雄）文化中心中，选用了特别耐腐的木材设计构筑了高大的"盾牌"形象，象征了保卫祖国的英雄气概。在纽约时报大厦的设计中，他创造性地应用了"陶瓷杆"作为遮阳，能更好地利用自然能源，改善室内环境。在我国将建的国家新美术馆的方案设计竞赛中，我看到获胜者法国建筑师让·努维尔如何从大量中国民间艺术品研究中探讨大型玻璃墙面应用时色彩的选择，力图体现中国的传统色彩。他们的设计都不满足于应用现成的技术和材料，而总是自己开发新技术、新材料，来带动建筑业、建材业、电脑应用、自然资源等应用技术。尽管我们在主客观条件上有一定的限制，但他们这种力求创新的精神，值得我们学习和发扬。

设计、研究、写论文，这"一主二副"的组合应当是我们设计人员的努力方向。对有些同志来说，写论文似乎是件难事。其实只要多写勤写，总能写出水平，不要因一两次挫折泄气。

建学所成立以来，已先后成立了建筑、人居、绿色、优化四个创作委员会，并经常举行交流活动。大家应当充分利用《丛书》这个论坛，来反映和促进我们设计和技术素质的提高。本人年老体衰，深居简出，早已脱离实际，但是我仍然很希望能够通过《丛书》和网站等，看到大家的成绩，祝建学事业蒸蒸日上，不断产出新的成果。

张钦楠

2014年8月于北京

目 录

1

公共建筑节能思辨

清华大学　江亿院士

1　从生态文明的角度看公共建筑营造标准

　　长期以来，公共建筑的设计、建造都遵循"以需求标准为约束条件，以成本和能耗最低为目标函数"的原则。首先提出建筑的需求标准，在满足这一标准的前提下，努力实现成本最低、运行能耗最低的建筑和系统设计。分析这些必须满足的需求标准，可以将其分为两类：涉及建筑和人员安全的标准和涉及建筑可提供的服务水平的标准。前者如结构强度、防火特性、有无放射性危害等，这是为了避免人身伤亡事故所必须的标准，属硬性需求的刚性标准，必须严格满足。而后者涉及的是关于建筑提供的服务水平标准，包括各种建筑环境参数，如室内温湿度范围、新风量、照度等。这些需求很难给出严格的界限，属柔性标准。例如，什么是室内温度的舒适范围？是 20~25℃之间？19~26℃之间？还是 18~27℃之间？曾有过旅游旅馆标准，对不同的星级给出不同的室内温度范围，似乎星级越高，室内温度允许的变化范围就越小。更有一些房地产开发项目打出"恒温、恒湿、恒氧"的招牌，似乎人类最合适的室内温度环境就应该恒定在某个温度参数上。日本东北大学吉野博教授统计观测了 20 年来日本住宅冬季室内温度的变化趋势（图 1）。

美国办公建筑室内新风量标准历年来的变化　　　　　　　　　　　　　　　　　表1

国家	标准（年份）	人均指标（L/s）	人均指标（m³/h）	补充说明
美国	ASHRAE62-73（1973 年）	2.5	9	于 1977 年印发
	ASHRAE62-89（1989 年）	10	36	允许吸烟的办公建筑
	ASHRAE62-2001（2001 年）	10	36	指办公区域，吸烟室 108m³/h，接待区 28.8m³/h
	ASHRAE62-2010（2010 年）	8.5	30.6	指办公区域，接待区 12.6m³/h

　　可以看出，随着其经济发展，生活水平提高，冬季室内温度水平不断提高，20 年间北海道冬季平均室温提高了 2~6℃。也有研究表明，美国办公建筑夏季室温 30 年间降低了 5~7℃。表 1 给出了美国近 40 年来办公建筑室内新风量标准的变化，图 4 给出世界上主要国家的办公建筑室内新风量标准，可以看到新风标准是从 9m³/（h·人）到 50m³/（h·人）的大范围变化。当节能被高度重视时，人均新风量标准曾被降低到 9m³/（h·人），而当人的舒适和健康被关注时，新风标准在一些国家提高到 50m³/（h·人），甚至还要更高。那么什么样的数值是满足人的基本需要（最低需求）的？或者从室内人员的基本安全保障出发，这些涉及服务水平的标准应该是什么呢？显然，可以给出的参数范围远远低于目前的大多数相关标准。再来看室内温度要求。按照室内人员安全保障所要求的室内温度范围是 12~31℃（见《工业企业设计卫生标准》（GBZ 1–2010）），这显然远远低于目前的各种室内温度需求标准。那么，从这个 12~31℃的劳动保护安全标准到 22~23℃之间的

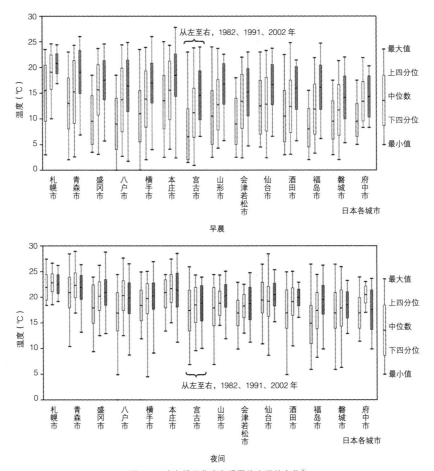

图 1　日本各地区住宅冬季平均室温的变化[①]

不同室内温度要求，显然是一种舒适度要求，大量的关于是 23℃ 舒适还是 24℃ 更舒适的研究与争论只是在讨论如何营造更舒适或最舒适的室内环境。假设室内越接近恒温人就越舒适，建筑物提供的水平就越高（实际上近年来的大量研究表明这一假设并不成立，变动的室温和可以调节的室温环境可能更适合人的需求），但为此需要消耗的能源也越多，那么我们是否就一定要使得室温必须满足这种"最舒适"的标准要求呢？而是否节能也只不过是在满足这一标准的条件下通过技术创新尽可能争取的努力方向呢？从工业文明的原则出发，这是无可非议的，不断满足人的日益提高的需求，是驱动工业文明的动力，也是促进技术进步与创新的原因。但这样带来的另一个结果，就是要求的服务标准越来越高，相应的能源消耗量也越来越大（除了极少数特例，技术创新使能耗降低）。这是为什么近百年来发达国家技术水平不断提高的同时，人均建筑能耗仍然持续上升的原因。这也可以从某种宏观的角度解释图 2、图 3 所示的美国、日本单位商业建筑面积运行能耗多年来持续上升的原因。

　　然而从生态文明发展模式来看，这种"以服务水平标准为约束条件，以成本和能耗为目标函数"的模式并不适宜。我们追求的是人类的发展与可持续的自然资源与环境间的平衡，这样就不能以某

---

① 日本东北大学（Tohoku University）教授 Hiroshi Yoshino 的 PPT《Strategies for carbon neutralization of buildings and communities in Japan》。

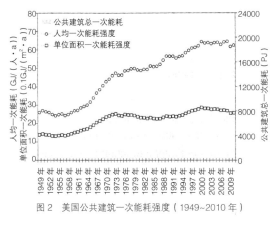

图2　美国公共建筑一次能耗强度（1949~2010年）

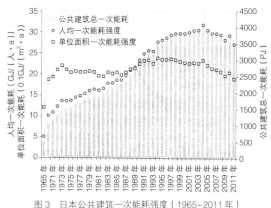

图3　日本公共建筑一次能耗强度（1965~2011年）

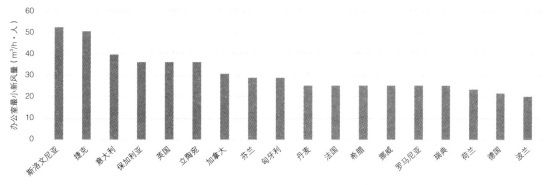

图4　欧洲各国当前办公建筑最小新风量标准[1]

种服务水平作为必须满足的约束条件，进而不断地提高这种服务水平标准，不断增加对自然资源的消耗。按照生态文明的发展模式，对于这类"灰色的"柔性标准，就不应该作为约束条件，而应该把自然资源和环境影响的上限作为刚性的约束条件，不得逾越，将建筑物可以提供的服务水平作为目标函数，通过技术的发展和创新，在不超过自然资源和环境影响的约束条件下，尽可能提高建筑物的服务水平，为使用者提供最好的服务。

　　看起来只是把"约束条件"与"目标函数"的对象作了交换，但其结果却大不相同。表2列出改革开放以来我国相继制定颁布的与公共建筑服务水平相关的标准，可以看出随着我国对外开放程度的提高和经济水平的提高，室内环境标准也在不断提高。与此同时，为了实现节能减排的大目标，也陆续发展建立了一批"具体怎么做"的建筑节能标准，见表3。但是，这些关于节能的标准只能指导如何在满足需求（服务水平）的条件下提高用能效率，相对实现节能。当服务水平的标准也就是"需求"不断提高时，即使在这些指导性规范的指导下，提高了用能效率，但其结果还是很难抑制实际用能量的持续增长。这就是为什么近20年来尽管我国各项建筑节能标准规范的执行力度逐渐强化，新建公建项目实施建筑节能规范的比例越来越大，但公共建筑除采暖外的实际能耗却持续增长，并且按照年代统计，竣工期越晚的建筑，平均状况统计得到的能耗越高。这就是"经济增长—需求增加—技术水平提高—用能效率提高—实际用能量也增长"的过程。工业文明阶段的发展实际就是这样一个过程，西方发达国家建筑能耗与经济发展技术进步同步增长的过程也是这样的过程。

① C.Dimitroulopoulou, J.Bartzis, Ventilation in European offices: a review, University of West Macedonia, Greece.

我国公共建筑服务水平相关的标准 表2

年份	标准号	标准名称
2003 年	GB 50019—2003	采暖通风与空气调节设计规范
2008 年	GB 3096—2008	声环境质量标准
2012 年	GB 3095—2012	环境空气质量标准
2012 年	GB 50736—2012	民用建筑供暖通风与空气调节设计规范
2012 年	GB/T 50785—2012	民用建筑室内热湿环境评价标准
2012 年	WS 394—2012	公共场所集中空调通风系统卫生规范

建筑节能设计标准 表3

年份	标准号	标准名称
1993 年	GB 50176—93	民用建筑热工设计规范
1993 年	GB 50189—93	旅游旅馆建筑热工与空调节能设计标准
2005 年	GB 50189—2005	公共建筑节能设计标准
2006 年	GB/T 50378—2006	绿色建筑评价标准
2007 年	GB/T 17981—2007	空气调节系统经济运行
2010 年	JGJ/T 229—2010	民用建筑绿色设计规范
2012 年	DGJ08—107—2012	上海市公共建筑节能设计标准
2012 年	DG/TJ08—2090—2012	上海市绿色建筑评价标准

需要指出的是，目前有一种观点认为，办公建筑其室内环境会对工作效率产生影响：建筑服务水平越高，人员的工作效率越高，工作效率越高所创造的社会经济价值远大于建筑能耗费用，因此认为在办公楼等建筑中提高工作效率是首要的。从 20 世纪初开始，西方一些学者试图找到室内环境（室内空气质量、热环境、光环境、声环境等）与工作效率之间的定量关系。Wargocki、Wyon 和 Fanger 分别通过实验发现室内空气质量不满意度降低 10%，工作效率提升约 1.5%。但他们的研究仅以办公室人员的打字、加法运算以及校对工作的速度与正确率为指标来评价工作效率，这些不足以体现现代办公建筑白领的工作内容。同时，1.5% 的工作效率提升度是否在误差允许范围内也未可知。与室内空气质量对工作效率的影响研究方法相似，对热环境与工作效率之间的关系的研究也是从对工厂的体力劳动环境发展到打字员、电话接线员等办公室劳动的效率，近年来虽有对中小学教室热环境对学生学习效率影响的研究，但对工作效率或学习效率的评价仍停留在采用简单的成果数量及错误率作为指标的阶段。现代办公建筑中大多数人员的工作并不只是打字、接电话、校对等简单工作，工作效率还与工作难度有一定的关系，但目前还没有非常科学适用的评价现代脑力劳动者工作效率的方法和指标。有一定挑战性的工作能激发工作人员的热情，即使没有外界的刺激也能较好地完成。甚至环境温度略微偏离舒适，人们也会忽略温度的影响，工作效率不会降低。此外，不管环境温度高低，只要人们自己觉得穿的衣服厚薄合适，不觉得冷或热，那么工作效率就没有差别。

总之，尽管对环境过热或过冷都会影响工作效率这一结论无异议，但至今仍无法回答"到底什么样的环境参数能实现最高的工作效率"。在空调环境下，并非室内温度越低或者温度波动范围越小，工作效率就越高。而且，建筑节能并不意味着室内环境品质和人员工作效率的降低。反之，大量实际案例表明，如果能够从建筑使用者根本的需求出发，优先采用自然通风等被动式技术，实现"天人合一"、"亲近自然"，不仅不会影响人员工作效率，甚至可以在改善室内环境和降低建筑能耗的同时还能提高工作效率。

党的十八大政治报告指出"能源节约要抓总量控制"。生态文明发展模式就是要在给定的对自然资源与环境影响上限的约束下实现人类的发展。公共建筑节能就应该同样实行总量控制，先确定用能总量的上限，以这一上限为"顶棚"，通过创新的技术、精细的实施、卓越的管理，使得在不

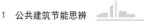

超过用能总量上限的前提下，提供高水平的服务，营造舒适的室内环境。由此，除了那些关于安全的刚性需求标准外，就应该取消那些关于服务水平、室内环境的"灰色"柔性标准（或者代之以满足安全和健康基本要求的最低标准，并且这些标准应该不再随经济发展而改变），反过来以用能上限、碳排放上限、对环境影响的上限等作为刚性的约束条件，也就是严格的限制约束标准。这样建筑节能相关的标准体系结构就由原有的：

规定必须满足的需求与服务水平标准，指导性的如何实现建筑节能的技术规范；

改为：

规定不得逾越的用能总量和对环境影响，指导性的如何改善室内环境、提高服务水平的技术规范。

目前，在住房和城乡建设部的指导下，经过专家小组的努力，初步形成的"建筑能耗标准"征求意见稿已经上网公示，这是按照上述思路转变我国建筑节能工作着眼点的重要一步，也是按照新的思路开展建筑节能工作的重要基础。按照这样的新的思路一步步走下去，一定会使我国的建筑节能工作产生真的成效。

2　用能上限应该是多少

按照以上思路，如何确定建筑的用能上限就成为核心问题。为此首先要确定我国未来的总的用能上限，然后再根据各用能领域对能源的需求量得到建筑可以使用的用能上限，进而得到公建的用能上限。可以有如下三种方法来确定我国未来的用能总量：

方法一：根据我国的资源状况和可能实现的能源进口状况估算我国今后 20~30 年间可能获得的能源总量。附录中给出了中国工程院根据能源供给部门的发展研究作出的未来能源总量预测。到 2020 年，我国有把握的可供应的能源总量约为 40 亿 tec。

方法二：根据 IPCC 研究控制全球气候变化的要求，2020~2025 年全球二氧化碳排放总量应达到 400 亿 t 的峰值，按照我国占全球人口 20% 来均分排放权，我国二氧化碳排放总量不应超过 80 亿 t。这样，我国的化石能源年燃烧量上限为 31 亿 tec，如果我国届时的非化石能源量达到 30%，则年能源消费上限也是 40 亿 ~45 亿 tec。

方法三：我国人口峰值约为 15 亿，达到世界总人口的 20% 之后，人口占全球人口总量的比例会逐年下降。由此，从公平性原则出发，我们使用的能源总量不应超过全球能源消费总量的 20%。全球未来能源消费总量将在 200 亿 ~230 亿 tec 之间，这样，我们可以分摊的用能总量也恰好在 40 亿 ~45 亿 tec 之间。

根据这一用能总量，综合平衡工业、交通的用能需求和发展，我国未来建筑运行用能上限是每年 10 亿 tec，这个数字仅指建筑外的能源系统可向建筑物提供的能源，不包括建筑本身利用各种可再生能源所产生的能源。表 4 给出了目前我国工业、交通和建筑运行这三大部类的用能状况和未来的用能总量规划。表 5 给出了我国各类建筑用能现状和未来达到不同的建筑总规模时，各类建筑可分摊的用能总量和单位建筑面积用能量。

我国分部门用能现状与规划（亿tec）　　　　　　　　　　　　　　　　　　表4

	2011 年	未来
工业	25.1	23~27
交通	2.9	5~7
建筑	6.9	8~10
总计	34.8	40

我国各类建筑用能现状与规划　　　　　　　　　　　　　　　　　表5

	指标	2012年	控制能耗强度情景1	控制能耗强度情景2
北方城镇采暖用能	面积（亿m²）	106	150	200
	能耗（亿tec）	1.71	1.5	2.0
	强度（kgec/m²）	16.1	10	10
公共建筑用能 （不含北方采暖）	面积（亿m²）	83	120	150
	能耗（亿tec）	1.82	2.4	3.0
	强度（kgec/m²）	21.9	20	20
城镇住宅用能 （不含北方采暖）	面积（亿m²）	188	300	450
	户数（亿户）	2.49	3.5	3.5
	能耗（亿tec）	1.66	3.1	3.9
	强度（kgec/户）	665	890	1110
农村住宅用能	面积（亿m²）	238	188	200
	户数（亿户）	1.66	1.34	1.34
	能耗（亿tec）	1.71	1.5	1.6
	强度（kgec/户）	1034	1120	1200
总计	面积（亿m²）	510	608	800
	能耗（亿tec）	6.9	8.5	10.5

按照表5的规划，我国未来各类公共建筑除采暖外的平均能耗应在70kWh/（m²·a）以下，具体的分类指标见表6。表6中还给出了目前北京、上海、深圳、成都各类公建的实际用能量范围（北京的数据不包括集中采暖用能）。其中：

类型A：建筑物与室外环境之间是连通的，可以依靠开窗自然通风保障室内空气品质，室内环境控制系统采用分散方式。

类型B：建筑物与室外环境之间是不连通的，需要依靠机械通风保障室内空气品质，室内环境控制系统采用集中方式。

我国公共建筑能耗指标（引导值）与现状范围（kWh/（m²·a））　　　　　　表6

建筑分类	严寒及寒冷			夏热冬冷			夏热冬暖		
	能耗指标		实际范围	能耗指标		实际范围	能耗指标		实际范围
	类型A	类型B		类型A	类型B		类型A	类型B	
政府办公建筑	30	50	21~190	45	65	29~280	40	55	15~255
商业办公建筑	45	60	10~205	60	80	34~300	55	75	25~178
三星级及以下	40	60	12~273	80	120	31~253	70	110	79~320
四星级	55	75		100	150	70~451	90	140	92~377
五星级	70	100		120	180	74~537	100	160	86~388
百货店	50	100	11~392	90	170	56~373	80	190	100~378
购物中心	50	135		90	210	31~578	80	245	183~434
大型超市	80	120		90	180	51~453	80	240	150~471
餐饮店	30	50		50	60	36~156	45	70	—
一般商铺	30	50		50	55	22~150	45	60	—

从表6中可以看出，上海、深圳多数公建的目前用能量已经超过这一用能上限指标。公共建筑的实际用能量与当地的经济发展水平有关，我国经济发展尚处相对中下水平的地区，公建能耗基本在上述指标以下，而经济发展相对高水平的北上广深，则正在超越这一上限。那么，这一上限真

的能够守住而不被突破吗？怎样守住这一上限？怎样使得公共建筑的实际能耗既不超过这一用能上限，又不降低其服务水平，不会制约当地的经济和社会发展？这就成为必须面对的大问题。

本书第六章（略）给出了8个不同功能的公共建筑的最佳实践案例。这些案例基本涵盖了各类功能的公建，多数聚集在北上广深，全部为2000年后新建或改建，符合"现代化"时尚要求。但是它们的实际能耗基本上都满足前面给出的用能上限。为什么？除相关政策和运行管理机制外，最主要的是理念的创新。这些理念可以总结为：

是充分利用建筑周边的自然环境条件，与外环境相协调，还是与外环境隔绝？

是集中还是分散地提供服务？

是完全依靠机械方式实现室内通风换气，还是尽可能优先自然通风？

是让使用者被动地接受建筑服务还是让使用者参与，给使用者以充分调节的能力？

下面逐一对这些理念进行解析。

3 建筑内环境与室外是隔绝还是相通？

最佳案例是2009年建成的深圳建科院大厦。尽管这也是一座12层的现代办公建筑，但却与目前绝大多数21世纪内建成的大型办公楼不同。这座楼的每层都连接有很大的露台和与室外半开放的活动空间。茶歇、交谈甚至小组会都在这种半室外空间进行。办公空间也设计为与这些半室外空间很好地相通，并且通过调整门、窗状态还能实现良好的自然通风、自然采光。相对于目前大多数与室外隔绝的现代化办公大楼，这座办公建筑尽可能使室内与室外在某种程度上相通，使用者可以从多个角度感觉到室外环境，甚至将一些露台或半室外空间设计成与几百米之外的外界树木和绿地融为一体的感觉。老北京庭院式的内外沟通环境在这座高楼中得以实现。相比于全封闭的现代化办公建筑，绝大多数使用者更偏爱这里的工作、生活环境。由于全年一半以上的时间依靠自然通风、自然采光就可以满足办公需求，所以该建筑单位面积运行能耗远远低于当地的其他办公建筑，而实测室内的温湿度状况、照度水平等，与一般的现代化办公建筑相差不大，有时冬季温度略偏低，夏季温度、湿度都略偏高。尽管如此，这样的办公环境却受到大多数使用者的偏爱，这是为什么？这种建筑环境的营造理念与目前现代化办公大楼的建筑环境营造理念显然很不相同，这一不同的核心到底是什么呢？

在工业革命以前，人类不具备营造人工环境的能力。为了获得较舒适的建筑空间，就精心设计使建筑与室外环境协调，尽可能利用自然条件营造适应人们需求的建筑环境。例如，北方建筑精心选择朝向以在冬季得到足够的日照，北墙不设窗或仅设很小的外窗以阻挡西北寒风，南方建筑的通风、遮阳等许多方面都下了很大的功夫，一代代传承下来丰富的经验。大约在三千年前人类就发明了窗户，依靠窗户实现在需要的时候对室内通风、采光，在不需要时则挡风、隔光。以后发明了取暖设施，但其只是当室内过冷，通过调节与自然环境的关系仍不能满足需求时的辅助手段。同样人类逐渐有了人工照明手段，但也只是在自然采光无法满足需求时的补充。直至工业革命中期，"自然环境调节为主，在大部分时间内提供需求的室内环境；机械手段为辅，仅在极端条件下补偿自然环境调节的不足"，仍为人类营造自身生活与活动空间的基本原则。这就是北美1950年代初大多数建筑的状况，也是我国至20世纪末绝大多数建筑的实际状况。这样，为了获得较好的室内环境，就要在建筑形式设计上下很大功夫，充分照顾通风、采光、遮阳、保温、隔热等各方面需求，并且在室内环境与外界自然之间的联通方式上下大功夫，许多出色的建筑都在室内外过渡区域通过各种方式营造出满足不同需要的功能空间。

然而，随着工业革命带来的科学技术的飞速发展，人类已经完全具备营造任何环境参数的人工环境空间的能力。依靠采暖、空调、通风换气、照明等各种技术手段营造出科学实验、工业生产、医疗处理、物品保存等各种不同要求的人工环境，取得了极大的成功，满足了科技发展、社会进步、经济增长的需要。这类人工环境是为了满足其特定的科研与生产需要的，必须严格控制室内环境参数，由此就要尽可能割断室内与室外的联系，尽量避免外界自然环境的温湿度、刮风下雨、日照等因素对人工环境的影响。室内外隔绝得越彻底，室外环境变化对人工环境的影响就越小，营造室内环境的机械系统的调控能力也就越有效。随着为了生产和科研营造人工环境技术的成功，人类开始把这些技术转过来用于服务于人的日常生活与日常工作的民用建筑环境中，尤其是公共建筑中。有了这些技术手段，还可以充分满足建筑师完全从美学出发构成各种建筑形式的需要。于是建筑就不再需要考虑与当地气候和地理条件相适应，建筑就不再承担联系室外自然条件、营造室内舒适环境的功能。任意造型，只要密闭，剩下的事就可以完全由机械系统解决！这时，窗户传统上通风采光的功能也可以完全抛掉，只剩下外表装饰和满足观看室外景观的功能；只有彻底地割断全部自然采光，才能通过人工照明实现任意所需的室内采光效果；只有使建筑彻底气密，才能通过机械通风严格实现所要的通风换气量和室内的气流场；只有使建筑围护结构绝热，才能完全由空调系统调控，实现所要求的温湿度条件和参数分布。这就是现代公共建筑室内环境控制几十年来的发展模式！工业和科研要求的人工环境从工艺过程出发可以清楚地提出严格的室内环境要求条件，为了使民用建筑室内环境也同样能够提出相应的条件和参数，大量的研究开始探讨人的最佳温湿度条件、最佳的室内流场、最佳的温湿度场。按照同样的技术途径，把为人服务的民用建筑室内空间环境调控完全按照工业与科研的人工环境营造方法来做，固然也可以构成使用者满意的室内环境（如果真正研究清楚了人的需求的话），但由此也造成巨大的能源付出！美国从1950年代的传统方式发展到现在的模式，单位面积建筑运行能耗增加了150%（是原来的2.5倍），日本从1960年代的传统方式发展到现在的模式，单位建筑面积能耗增长了1倍。而反过来的问题是：人类生活与工作真的需要这样严格控制的人工环境吗？这样与外界自然环境隔绝，全面控制的人工环境真的适合人的需要吗？以这样几倍能耗的代价来营造这样的环境，符合生态文明的要求吗？

英国建筑研究院（BRE）在2000年曾对英国的各类办公建筑进行了调研，图5为他们发表的能耗调查结果。从图中可以看出，除掉前面一段表示采暖的能耗外，不同建筑的能耗除采暖外其他各项能耗相差巨大，典型的自然通风办公建筑，每平方米建筑除采暖外能耗约为30kWh/（m²·a），而典型的全封闭中央空调办公建筑则超过300kWh/（m²·a），十倍之差！更值得注意的是对使用这些办公建筑的人员进行满意度的问卷调查，这些自然通风办公楼的满意程度最高，而那些全封闭的中央空调大楼却被投诉为"空气不好、容易过敏、易瞌睡"等，满意程度最差！到底我们应该从哪种理念出发去营造我们生活工作的空间呢？

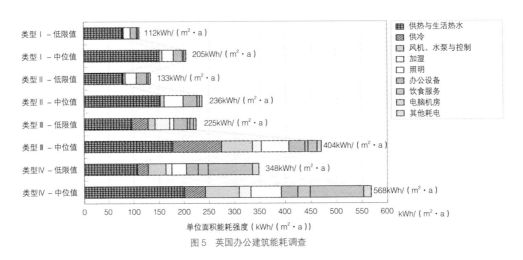

图5 英国办公建筑能耗调查

表 7 给出了两种不同的室内环境营造理念和由此产生的具体做法及结果。考虑到生态文明的发展原则，就不能追求人类极端的舒适，而应在资源和环境容量容许的上限下适当地发展，在对资源与环境的影响不超过上限的条件下通过技术创新尽可能营造健康舒适的居住与生活环境。这样一来，是否要质疑这种营造现代的人工环境的理念与做法，并且在我们传统的基于自然环境的基本原则下，依靠现代科学技术进一步认识室内环境变化规律及人真正的健康与舒适需求，从而发展出更多的创新方式、创新技术去创造更好的人类活动空间呢？

两种营造和维持室内环境的理念、做法与效果　　　　　　　　表7

	营造人工环境	营造与室外和谐的环境
基本原则	完全依靠机械系统营造和维持要求的人工环境	主要依靠与外界自然环境相通来营造室内环境，只是在极端条件下才依靠机械系统
对建筑的要求	尽可能与外环境隔绝，避免外环境的干扰：高气密性、高保温隔热，挡住直射自然光	室内外之间的通道可以根据需要进行调节：既可以自然通风又可以实现良好的气密性；既可以通过围护结构散热又可以使围护结构良好保温；既可以避免阳光直射又可以获得良好的天然采光
室内环境参数	温湿度、CO_2、新风量、照度等都维持在要求的设定值周围	根据室外状况在一定范围内波动，室外热时室内温度也适当高一些，室外冷时室内温度也有所降低，室外空气干净适宜则新风量加大，室外污染或极冷极热则减少新风
调整和维持室内环境状态	运行管理人员或自动控制系统，尽可能避免建筑使用者的参与	使用者起主导作用（开/闭窗，开/关灯，开/停空调等），管理人员和自控系统起辅助作用
提供服务的模式	机械系统全时间、全空间运行，24h全天候提供服务	"部分时间、部分空间"维持室内环境，也就是只有当室内有人、并且通过自然方式得到的室内环境超出容许范围，才开启机械系统
运行能耗	高能耗，单位面积照明、通风、空调用电量可达100kWh/m²	低能耗，大多数情况下单位面积照明、通风、空调能耗不超过30kWh/m²

4 室内环境营造方式是集中还是分散？

长期以来一直争论不休的话题之一就是在建筑设备服务系统上是采用集中方式还是分散方式？主张集中者认为集中方式能源效率高，相对投资低，集中管理好，技术水平高，一定是今后的发展方向；而主张分散者则是列举出大量的调查实例，说明集中方式能耗都远高于分散方式。那么，问题的实质是什么？集中与分散这两种不同理念在各类建筑服务系统中是否有共性的东西？

还是先看一批实际案例：

（1）办公室空调，全空气变风量方式、风机盘管+新风方式、分体空调三种方式在其他条件相同时其能耗比例大约是3：2：1，而办公室人员感觉的空调效果差别不大。变风量方式即使某个房间没人，空调系统仍然运行，而风机盘管、分体空调方式在无人时都能单独关闭；晚上个别房间加班时，变风量系统、风机盘管系统都需要开启整个系统，而分体空调却可以随意地单独开启。

（2）集中式生活热水系统总的运行能耗一般是末端消耗热水量所需要的加热量的3~4倍，因为大部分热量都损失在循环管道散热和循环泵上了，末端使用强度越低，集中生活热水系统的整体效率就越低。

（3）在河南某地区水源热泵作为热源的集中供热系统，单位建筑面积耗热量为分散方式采暖的3倍多；而把末端改为单独可关断的方式并按照实际开启时间收取热费时，实际热耗就与分散方式无差别，但此时集中式水源热泵的系统COP却下降到不足原来的40%。[①]

（4）大开间敞开式办公室的照明采用全室统一开关时，白天照明基本上处于开的状态，而类似的人群分至一人或两人一间的独立办公室时，白天平均照明开启率不到50%。办公室额定人数越多，

① Xin Zhou, Da Yan, Guangwei Deng. Influence of occupant behaviour on the efficiency of a district cooling system. BS2013-13th Conference of International Building Performance Simulation Association, P1739-1745, August 25th-28th, 2013, Chambery, France.

灯管照明处于全开状态的频率就越高。

（5）新风供应系统：分室的单独新风换气，风机扬程不超过100Pa；小规模新风系统（10个房间），风机扬程在400Pa左右；大规模新风系统（一座大楼），风机扬程可高达1000Pa。如果提供同样的新风量，则大型集中新风系统的风机能耗就是小规模系统的2~3倍，是分室方式的10倍！同时，大型系统经常出现末端新风不匀，某些房间新风量严重不足；而小型系统很少出现，单独的分室方式则不存在新风不足之说！在每天实际运行时间上，大系统或者日开启时间很短，或不计能耗长期运行耗电严重；而小系统此类问题却很少。

既然集中式如上面各案例，出现这样多的问题，那么为什么还有很大的势力在提倡集中呢？大体上有如下一些理由：

（1）如同工业生产过程，规模越大，集中程度越高，效率就越高？工业生产过程即是如此，能源的生产与转换过程如煤、油、气、电的生产也是如此。但是建筑不是生产，而是为建筑的使用者也就是分布在建筑中不同区域的人提供服务。使用者的需求在参数、数量、空间、时间上的变化都很大，集中统一的供应很难满足不同个体的需要，结果往往就只能统一按最高的需求标准供应，这就是为什么美国、中国香港的中央空调办公室内夏季总是偏冷、我国内地北方冬季的集中供热房间很多总是偏热的原因，这也就造成晚上几个人加班需要开启整个楼的空调，敞开式办公只要有一个人觉得暗就要把大家的灯全打开。这种过量供给所造成的能源浪费实际上要远大于集中方式效率高所减少的能源消耗。而且，规模化生产，就一定是全负荷投入才能实现高效，而建筑物内的服务系统，由于末端需求的分散变化特性，对于集中方式来说，只有很少的时间会出现满负荷状态，绝大多数时间是工作在部分负荷下甚至极低比例的负荷下。这种低负荷比例往往不是由于各个末端负荷降低所造成，而是部分末端关断所引起。这样，集中系统在低负荷比例下就出现效率低下。反之，分散方式只是关断了不用的末端，使用的末端负荷率并不低，效率也就不会降低。图6所示为实测的河南某热泵系统末端风机盘管风机开启率分布状况。这个系统冷热源绝大多数时间都运行在不足20%~50%的负荷区间，但从图中可以看出，这是由于很低的末端使用率所造成。大多数情况下末端开启使用时，对单个末端来说其负荷率都在70%以上，是瞬间同时开启的数量过低才导致系统总的负荷率偏低，系统规模越大，出现小负荷状态的比例越高。这样，系统越是分散，各个独立系统运行期间平均的负荷率就越高（因为不用的时候可完全关闭），从而使得系统的实际效率离设计工况效率差别不大；而系统越集中，由于同时使用率低造成整体负荷过低导致系统效率远离设计工况。这样，面对末端整体很低的同时使用状况，大规模集中系统就面对两种选择：放开末端，无论其需要与否，全面供应；这就和目前北方的集中供热一样，系统效率可能很高，但加大了末端供应，总的能耗更高。末端严格控制，这就导致由于系统总的使用率过低而整体效率很低。这样，建筑服务系统就不再如工业生产过程那样系统越大效率越高，而转变为系统规模越大整体效率越低；而分散的方式由于其末端调节关闭的灵活性反而实际能耗在大多数情况下低于集中方式。系统规模越大，出现个别要求高参数的末端的概率就越高，为了满足这些个别的高参数需求系统所要提供的运行参数就会导致在大多数低需求末端造成过量供应或"高质低用"；系统规模越大，出现效率很低的同时使用率的概率就越高，这又导致系统整体低效运行。与工业生产过程大规模同一参数批量生产的高效过程不同，正是这种末端需求参数的不一致性和时间上的不一致性造成系统越集中实际效率反而越低。

（2）"系统越集中，越容易维护管理"？实际上运行管理包括两方面任务：设备的维护、管理、维修；系统的调节运行。前者保证系统中的各个装置安全可靠运行，出现故障及时修复和更换；后者则是根据需求侧的各种变化及时调整系统运行状态，以高效地提供最好的服务。集中式系统，设备容量大，数量少，可以安排专门的技术人员保障设备运行；而分散式系统设备数量多，有可能故障率高，保障设备运行难度大。这可能是主张采用集中系统的又一个重要原因。但实际上，随着技

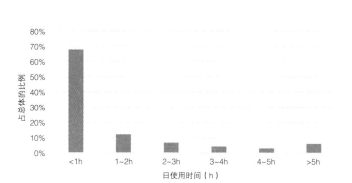

图6 实测河南某热泵系统末端风机盘管日开启时间分布

注：1. 图中数据统计了该小区2012年7月的风机盘管开启情况，共统计风机盘管数1462台。
2. 图中时间范围和比例表示了该开启时间范围下风机盘管数量占总风机盘管数的比例。

术的进步，单台设备可靠性和自动控制水平有了长足的改善。目前散布在千家万户的大量家电设备如空调、彩电、冰箱、灯具的故障率都远远低于集中式系统中的大型设备。各类建筑中使用的分散式装置的平均无故障运行时间都已经超过几千至上万小时。而这类设备的故障处理就是简单地更换，完全可以在不影响其他设备正常运行的条件下在短时间完成。相反，集中式的大型设备相对故障率高，出现故障时影响范围会很大，在多数情况下大型设备出现故障时难以整体更换，现场维修需要的时间要长。由此，从易维护、易维修的需要看，系统越分散反而越有优势，集中不如分散！再来看运行调节的要求，集中式系统除了要保证各台设备正常运行外，调整输配系统，使其按照末端需求的变化改变循环水量、循环风量、新风量的分配，调整冷热源设备使其不断适应末端需求的变化，都是集中式系统运行调节的重要任务。系统越大，调节越复杂。目前国内大型建筑中出现的大量运行调节问题主要都集中在这些调节任务上。可以认为至今国内很少找到运行调节非常出色的大型集中式空调系统。反之，分散方式的运行调节就非常简单。只要根据末端需求"开"和"关"，或者进行量的相应调节即可，不存在各类输送系统在分配方面所要求的调节。目前的自动控制技术完全胜任各种分散式的控制调节需要，绝大多数分散系统的运行实践也表明其在运行调节上的优势。如此说来，"集中式系统易于运行维护管理"是否就不再成立？随着信息技术的发展，通过数字通信技术直接对分布在各处的装置进行直接管理、调节的"分布式"系统方式已经逐渐成为系统发展的主流，"物联网"、"传感器网络"等21世纪正在兴起的技术使得对分散的分布的系统管理和调节成为可行、可靠和低成本。从维护管理运行调节这一角度看，越来越趋于分散而不是趋于集中才是建筑服务系统未来的发展趋势。

（3）"许多新技术只适合集中式系统，发展集中式系统是新技术发展的需要"。确实，如冰蓄冷、水蓄冷方式，只有在大型集中式系统中才适合。水源热泵、地源热泵方式也需要系统有一定的规模。采用分布式能源技术的热电冷三联供更需要足够大的集中式系统与之配合。如果这些新的高效节能技术能够通过其优异的性能所实现的节能效果补偿掉集中式系统导致的能耗增加，采用集中式系统以实现最终的节能目标，当然无可非议。然而如果由于采用大规模集中式系统所增加的能耗高于这些新技术获得的节能量，最终使得实际的能源消耗总量增加，那么为什么还要为了使用新技术而选择集中式呢？实际案例的调查分析表明，对于办公楼性质的公共建筑，如果采用分体空调，其峰值用电甚至并不比采用冰蓄冷系统中央空调时各级循环水泵、风机的用电量高。这样与分散方式比，带有冰蓄冷的中央空调对用电高峰的缓解作用也并不比分散系统强。采用楼宇式电冷联产，发电部分的燃气－电力转换效率也就是40%，相比于大型燃气－蒸汽联合循环纯发电电厂的55%的燃气－电力转换效率，相差15%的产电率。而电冷联产用其余热同时产生的冷量最多也只为输入燃气能量的45%，按照目前的离心制冷机效率，这只需要不到9%的电力就可以产生，而冷电联产却为了这些冷量减少发电15%，因此在能量转换与充分利用上并非高效。如此状况为了用这样的"新技术"而转向大型、巨型集中式系统显然就没有太多道理了。当然，有些公共建筑由于其本身性质就不可能采用分散式，例如大型机场、车站建筑、大型公共场馆等，建筑形式与功能决定其必须采用集中的服务系统。这时，相应地选用一些支持集中式系统的新技术，如冰蓄冷、水蓄冷等，无可非议。实际上，并非新的节能高效技术都面向集中方式，为了适应分散的服务方式与特点，这些年来也陆续产生出不少面向分散方式的新技术、新产品。典型的成功案例是VRF多联机空调。它就是把分体空调扩充到一拖多，既保持了分体空调分散可独立可调的特点，又减少了室外机数量，解决了分体空调室外机不宜布置的困难。近年来这种一拖多方式的VRF系统在中国、日本的办公建筑中得到广泛应用，在欧洲也开始被接受，成为在办公建筑替代常规中央空调的一种有效措施，就是一个很好的例证。类似地，大开间办公建筑照明目前已经出现可以实现对每一盏灯进行分别调控的数字式照明控制。通过新技术支持分散独立可调的理念，取得了很大成功。

"集中还是分散"的争论实际反映的是对民用建筑服务系统特点的不同认识和对其系统模式未来发展方向的不同认识。也涉及从生态文明的发展模式出发，如何营造人类居住、生活和工作空间的问题。与工业生产不同，民用建筑的设备服务系统的服务对象是众多不同需求的建筑使用者。系统的规模越大，服务对象的需求范围也就越大，出现极端的需求与群体的平均需求间的差异就越大。面对这些极端的个体需求，通常有三个办法：①依靠好的调节技术，对末端进行独立调节，以满足不同的个体需求。此时有可能解决群体需求差异大的问题，可以同时满足不同需求，但在大多数情况下导致系统整体效率下降，能源利用效率降低。②按照个别极端的需求对群体进行供应，如仅一个人需要空调时，全楼全开；夏季按照温度要求最低的个体对全楼进行空调，冬季按照温度要求最高的个体对全楼进行供暖。这样的结果导致过量供应，技术上容易实现，一般情况下也不会遭到非议，但能源消耗却大幅度增加。这实际上是我国北方集中供热系统的现实状况，也是美国多数校园建筑的通风、空调和照明现状。③不管个别极端需求，按照群体的平均需要供应和服务，这就导致有一部分使用者的需求不能得到满足（如晚上加班无空调，需要较低温度时温度降不下来，每天只在固定时间段供应生活热水等），这是我国一些采用集中式系统的办公建筑的现状。这样使得能耗不是很高，但服务质量就显得低下。这大致是为什么我国很多采用集中式系统方式的办公建筑实际能耗低于同样功能的美国办公建筑的原因之一，同时也是很多在这样的办公建筑中使用者抱怨多，认为我们的公共建筑水平低于美国办公建筑的原因。

我国目前正处在城市化建设高峰期，飞速增长的经济状况、飞速提高的生活水平及飞速增加的购买力很容易形成一种"暴富文化"、"土豪文化"。从这种文化出发，觉得前面第二类照顾极端需求的方式才是"高质量"、"高服务水平"。一段时间某些建筑号称要"与国际接轨"、要达到"国际最高水平"的内在追求也往往促成前面的第二类状况。觉得一进门厅就感到凉快一定比到了房间了才凉快好，24h连续运行的空调一定比每天运行15h的水平高，冬季室温25℃、夏季室温20℃的建筑要比冬季20℃、夏季25℃的建筑档次高。按照这样的标准攀比，集中式系统自然远比分散式更符合要求。这是偏爱集中方式，推动集中方式的文化原因。但是这种"土豪文化"与生态文明的理念格格不入。按照这种标准，即使充分采用各种节能技术、节能装置，也几乎无法在预定的公共建筑用能总量上限以下实现完全满足需求的正常运行。公共建筑用能上限是根据我国未来可以得到的能源使用量规划得到，也是从用能公平的原则出发对未来用能水平的规划。要实现这一标准，不出现用能超限，同时又满足绝大多数建筑使用者的需求，集中方式可能是一条很难实现其能耗目标的艰难之路，而分散方式则是完全可行、易于实现之路。三个办公建筑案例（深圳建科院大楼、上海现代申都大厦、广州设计大厦）都是业主为自己使用而设计建造（或改造）的办公楼，都低于70kWh/m²的未来用电上限，也都实现了室内较好的舒适环境。无一例外，这三个案例都采用了分散式或半分散式系统，在节能和满足需求上都获得了成功。飞速发展的信息技术和制造业水平的不

断提高，使得分散式系统会不断进步，系统更可靠、管理更容易、维护更方便。这样，核心的问题返回来还是：向集中式努力还是向分散式发展？

5 保障室内空气质量是靠机械方式还是自然通风？

维持室内良好的空气质量，是营造建筑室内环境的又一重要目的。这对于室内人员的健康、舒适、高品质生活也至关重要。室内污染既源于室内各类污染源所释放出的各种可挥发有机物（VOC），又会在室外出现高污染时污染物随空气进入室内。维持室内良好的空气质量的途径主要是通风、过滤净化。那么又该怎样通风和过滤净化呢？观察国内外各种办公建筑运行能耗，可以发现单位建筑面积为通风换气全年所消耗的风机用电有巨大差别：同样的校园办公建筑，依靠开窗通风，无机械通风系统的通风耗电几乎为零，而完全依靠机械通风换气的建筑风机电耗可高达 130kWh/（m²·a）。下面是几种通风方式风机用电量的计算：

（1）自然通风，卫生间排风，排风量折合换气次数 0.5 次 /h，排风风机 200Pa，年运行 1450h，风机效率 50%，单位面积风机电耗 0.24kWh/（m²·a）。

（2）机械通风，分室小型送排风机，换气次数 0.5 次 /h，风机扬程 500Pa，年运行 3000h，风机效率 50%，单位面积风机电耗 1.25kWh/（m²·a）。

（3）集中式机械通风，换气次数 0.5 次 /h，送排风机扬程共 1000Pa，年运行 3000h，风机效率 50%，单位面积风机电耗 2.5kWh/（m²·a）。

（4）集中式机械通风，换气次数 3 次 /h，送排风扬程 2000Pa，年运行 8000h，风机效率 50%，单位面积风机电耗 80kWh/（m²·a）。每小时换气 3 次并非奢侈性通风换气，按照北欧的办公建筑标准，每个人每小时室外空气通风换气量应为 90m³，如果建筑层高 3m，人均建筑面积 10m²，就应该是每小时 3 次的换气。2000Pa 的送排风风机扬程也并非过高，当考虑长距离输送、排风热回收和空气过滤器等因素后，这是一个合理的数值。

现代设计集团上海自己的一座办公建筑单位建筑面积年用电量 50.8kWh，其中空调通风风机的总用电量为 1.78kWh/（m²·a）。而美国位于费城的某教学建筑实测全年通风风机耗电量就是 191kWh/（m²·a）。[①] 与上面的通风风机耗电数据对比，可知，建筑的不同通风换气方式，仅风机耗电就会对建筑能耗有巨大影响。那么，从维持室内健康的空气质量和建筑节能这两个需求出发，公共建筑该怎么通风和维持其 IAQ 呢？

室内外通风换气，对营造室内环境有重要作用。通过通风换气可以排除室内人员等释放的臭味、二氧化碳，也可以排除室内家具、物品产生的 VOC 等污染物，因此自古以来，屋子要通风换气，是一辈一辈传下来的祖训。但是当室外污染严重，出现沙尘暴、雾霾，PM2.5 超标时，引入室外空气就加剧了这些污染物对室内的污染。因此，通风换气对室内空气质量具有两重性：可以排除室内污染，又在室外出现严重污染时引入室外污染。

通风换气除了影响室内空气质量，对室内的热湿环境与供暖空调能耗也有很大影响。当室外热湿条件适合时，通风换气可以有效排除室内的余热余湿，从而可以延缓空调的开启时间，降低空调能耗。当室外高热高湿，或者寒冷时，通风换气就又增加了室内热、湿、冷负荷，导致供暖空调能耗增加。这样，通风换气对供暖空调能耗也具有了两重性：室外环境好时，可以节能；室外环境差时，增加能耗。

怎样实现通风换气呢？我们祖先千年传统留下来就是开窗通风。根据室内外状态，在需要时开

---

① 常良，魏庆芃，江亿. 美国、日本和中国香港典型公共建筑空调系统能耗差异及原因分析 [J]. 暖通空调，2010，40（8）：25-28.

窗通风，排热、排湿、排污、换气。只需要人来操作，不直接消耗任何能源。工业化以来，开始有机械通风方式。典型的办公建筑标准的通风方式为：外窗不可开，建筑尽可能气密；通过专门的新风系统引入室外空气；对进入的空气进行过滤，以消减通过空气进入室内的污染物；通过与排出的空气进行热交换或热湿交换，回收排风中的能量；再进一步对空气进行热湿处理，使其满足室内温湿度要求；处理后的空气定量地均匀送入各个房间。这两种通风方式在本质上有什么不同呢？

开窗通风往往是间歇式通风换气，在需要通风时打开外窗，由于室内外温度的差别造成的热压和室外空气的流动形成的风压可以驱动通过外窗的通风换气，如果建筑设计得有利于自然通风，在一些情况下开窗可以形成每小时几次到十几次的换气次数。这样，经过一段时间换气后，有必要的话又可以关闭外窗，所以是一种间歇通风过程。反之，依靠机械方式通风换气很难实现高强度换气。一般新风量为每小时半次换气，按照规范办公室通风量每小时每人30m³的话，人均10m²时也要求每小时一次新风换气。如果建筑物做到充分气密，无其他通风途径，则按照这样的通风换气强度，机械通风换气系统应该在建筑物被使用期间连续运行。自然通风无直接的能源消耗，而机械通风需要风机耗电，其耗电量完全如前面所述，取决于系统风阻导致对风机扬程的要求。考虑过滤器、热回收器和通风管道的阻力，送排风机一共需要1000Pa扬程，是典型数据。这样根据运行时间不同，年用电量会在5~10kWh/m²或更多。

当室外热湿环境适宜时，通风换气有利于排除室内热量，减少空调负荷；而室外环境过热或过冷时，通风又导致从室外引入热量或冷量，增加室内负荷。主张机械通风的理由之一就是通过新风回风间的换热器回收排风中的能量，实现节能。然而，只有在室外高热高湿或低温时，热回收才有意义；而在室外温湿度适宜时，热回收就提高了新风温度，不利于通过新风换气降温，起反面作用。当室内外温差较小时，尽管热回收有一定作用，但由于温差、湿差小，可以回收的能量有限，但空气通过热回收器造成的压降，损失的风机电能一点也不小。由于一份电能至少可以通过热泵制取四份热量，考虑热回收器的压降后可以得到，当采用显热回收时，一般情况下只有当室内外温差大于10K以上时，热回收才有收益，否则是得不偿失；当采用全热回收时，室内外焓差也需要10kJ/kg以上才有收益。而开窗自然通风，使用者一定选择室外气候适合的时候开窗通风。一般会避开室外出现桑拿天或严寒天气。当室外温湿度适宜时，如果有较好的自然通风，可以在很小的温差、湿差下排除室内的余热余湿，缩短空调使用时间。而机械通风即使让热回收器旁通，由于通风量远低于自然通风，因此可以实现免费利用室外冷源的时间就会比自然通风短。综合全年总的效果对二者进行比较，可以发现除了在北方寒冷气候区带热回收的机械通风方式占优，其他气候区机械通风方式或者无明显优势，或者能耗要高于自然通风方式。

机械通风方式的又一个优越性是可以对室外空气进行过滤，有利于消除室外空气污染对室内的影响。结果真是如此吗？实际上只有当室外出现严重污染时，才希望对进入室内的空气进行过滤，而当室外空气清洁时，并不需要过滤。然而机械通风系统很难根据室外状况选择过滤器是否运行，绝大多数系统只要通风运行，过滤器就工作。这样，当室外空气清洁时，清洁的空气通过过滤器会带走部分以前积攒在过滤器中的污染物，形成对新风的二次污染。机械通风系统中的过滤器不可能实现天天清洗，因此过滤器集灰和二次污染是不可避免的。此外，进入机械通风系统中的室外空气中的污染物从大粒径颗粒（PM10）到小粒径颗粒（PM2.5）都存在，一个大颗粒粉尘的体积可以是一个小颗粒粉尘的数百倍。用一种滤料，通过一种过滤方式在这种情况下就只能对大颗粒有效，而对小颗粒效果不大。然而大颗粒在室内会靠沉降作用自然消减，真正危害大的是微小颗粒。这需要用不同的过滤原理去除，并且在大颗粒存在时效果不会太好。这样看来，机械通风方式靠过滤器进行全面过滤并不是解决室外空气污染的好措施。室外严重污染时，它消除微颗粒的能力并不强，室外干净时它又造成二次污染。

再来看自然通风方式。为了改善室内粉尘污染现象，可以在室内布置空气净化器，也就是让部分室内空气经过空气净化器中的过滤器滤除部分污染物，然后再放回到室内，由此实现对室内空气的循环过滤。由于大颗粒在室内的自沉降作用，这时进入到空气净化器的主要是微小颗粒，由此就可以采用消除小颗粒的过滤原理和滤料。此时空气净化器的功能是捕捉室内微颗粒，而不是一次性过滤微颗粒，因此并不追求一次过滤的效率。只要能不断地从空气中捕捉污染物，空气就会逐渐净化。这就不同于安装在机械通风系统中的过滤器，如果污染物从过滤器逃脱而进入室内，它就再无机会被捕捉。相比机械通风系统中的过滤器，空气净化器中的过滤器灰尘积攒得少（因为主要是微颗粒），这就使得净化效果更好。与机械通风方式更重要的差别是：空气净化器由使用者管理，当他觉得室内干净时，就不会开启，而只有他觉得有必要净化时才会开启空气净化器。这样，很少有二次污染的可能。此时，使用者同样还会管理外窗的开闭。当室外出现重度污染时，使用者很少可能去尝试开窗，而当室外空气清洁、舒适宜人时，才是使用者开窗换气的时候。这样，无论是针对室外的颗粒污染还是针对室内的各类污染源污染，由使用者掌管的开窗通风换气和空气净化器方式都可以获得比机械通风加过滤器方式更好的室内空气质量。这里主要依靠的是使用者自行对外窗、对空气净化器的调节。这种调节涉及室内外空气污染状况、室内外温湿度状况等诸多因素。采用传感器去感知这些因素，再进行智能判断，以确定外窗和空气净化器的开闭，在目前还是一件很困难的事。不仅判断逻辑复杂，传感器的误差也会经常造成误判，从而严重影响室内环境效果。然而这件工作却可以由一位不需要任何训练只有一般常识的使用人员出色完成。这就是使用者可以发挥的作用，也是人与智能机械之间的巨大差异。

由以上分析我们得到，通过窗户的通风换气是窗户的重要功能，至今在维持室内空气质量上仍具有无法取代的作用。通过由使用者控制的外窗形成的间歇的自然通风和安放在室内的空气净化器来消除各类污染物，不仅远比机械通风方式节约运行能耗，还可以获得更好的室内空气质量。除了通风换气与消除污染物的理念不同，自然通风的模式还依靠使用者直接参与调节控制，这也是能够获得较好效果的重要原因。

以上对自然通风方式的分析，都建立在一个基本假设上：这个建筑开窗后能够实现有效的自然通风。这要取决于建筑体量和建筑形式设计。当建筑的体量不是很大时，如果把自然通风作为一项重要功能，通过认真设计并且能够平衡自然通风与造型、外观、使用功能之间的矛盾，良好的自然通风总是能够实现的。当建筑体量很大，尤其是进深过大，且无天井、中庭等通道时，自然通风就很难实现了。这时只好采用庞大的机械通风系统，增加投资、占据空间、增加运行能耗，而且还很难获得良好的室内空气质量。既然如此，为什么还要设计建造这些大体量、大进深的建筑呢？难道造型和外观真的比室内环境、运行能耗还重要吗？只有出于某些建筑功能的需求而必须大进深者，才需要全面的机械通风换气。例如大型机场、车站这种大型公共空间，体育场馆、大型剧场这种公众活动聚集的空间，以及某些大型购物中心、综合商厦出于使用布局的原因而必须大跨度、大进深的公建。这时很难有可以调控的足够量的自然通风，只好依靠机械通风方式维持室内的空气质量。怎样有效地使有限的室外新风集中解决人的活动区域的空气质量问题，从而减少无效通风量和过度通风，则是另外一些需要讨论的议题。

6 建筑的使用者是被动地接受服务还是可以主动参与？

在第 5 条讨论了民用建筑与工业建筑最大的区别是为使用者服务而不是为生产工艺服务，本条则讨论使用者在维持室内空气质量中自行调节的重要作用。实际上，公共建筑实际的运行效果，包括能耗水平、室内环境效果、空气质量都取决于建筑、建筑服务系统和建筑的使用者。这三者共同作用、相互影响的结果最终决定建筑实际的性能。这里所谓建筑物的使用者指建筑物最终的服务对象。如办公建筑，使用者即使用办公室的办公人员，而并非建筑运行管理者或维护管理建筑物服务系统的运行操作者。那么，是应该由使用者还是由建筑物的运行管理者（对于全自动化的"智能建筑"来说是自动控制系统）决定建筑的运行状态，从而确定建筑物的实际性能呢？这是如何营造建筑环境这一主题下的又一个重要问题。

以办公建筑为例，实际建筑环境的调控状态是建筑运行管理者和使用者双方博弈的结果。一个极端是全自动化的"中央管理"系统，完全由自动控制系统或中央管理者操控管理建筑服务系统的每一个环节，例如灯光调控、窗和窗帘的开闭、空调系统、通排风系统等。使用者无须参与其中的任何活动，也不需要调整任何设定值，可完全被动地享受系统所提供的服务。这实际上是很多"智能"建筑所追求的目标。另一个极端则是完全由使用者操控管理室内状态，自行对灯光、窗和窗帘、空调、通排风装置进行开、关及调整，这往往被认为是无智能、落后的建筑。当然，实际的办公建筑，往往处于这两种极端状态之间，是管理者与使用者共同操控或者相互博弈的结果。那么，从营造生态文明、人性化的建筑环境出发，使用者与建筑服务系统之间的"人—机界面"应该是什么样的呢？

对于以满足工艺要求为主要目标的生产、科研性质的建筑环境，服务对象是生产和科研过程，使用者是这一过程的附属者，因此建筑环境的操控就完全是为满足工艺过程的要求，就应该是"中央调控"方式，在满足工艺参数的前提下优化运行，实现节能。然而，以建筑的使用者为服务对象、以满足使用者要求为最终目的的民用建筑却很不相同。每个人对环境温度、通风情况、照明、阳光等的需要都不相同。即使是同一个人，当处在不同状态时，对环境的需要也会有很大的不同。当然，使用者并不苛刻，对各项环境指标都有可容忍范围。那么怎样把建筑环境状况调整到每个人都容忍的范围内，并尽可能使最多的使用者感到舒适满意？这就是智能建筑的中央调控方式所努力争取的目标。然而，由于使用者个体之间的差异，由于同一使用者在不同状态下对环境需求的差异，也由于中央调控系统与使用者之间沟通渠道与方式的局限性，协调的结果往往使系统处在"过量供应、过量服务"状态：夏天温度过低、冬季温度过高、新风只能依靠新风系统而不可开窗、遮蔽全部太阳直射光等。这样可以使得建筑使用者基本满意，或者通过一段时间的"训练"后逐渐适应，但其建筑方式不可能是前面第4条所倡导的基于自然环境的建筑模式、建筑服务系统也只能是集中供应系统，不可能如第5条所提倡的分散式，更谈不上第6条的自然通风优先的保障室内空气质量模式，其结果就是高能耗。这就是为什么在美国、日本、中国香港和内地的多座高档次办公大楼中调查得到的结果：智能程度越高，实际能耗越高。[1][2]

实现建筑系统与终端使用者沟通的渠道一般为"需求设定值"。例如使用者通过改变温控器上的室温设定值来表述他对室温调节的要求。然而，大多数建筑的实际使用者并没有对舒适温度范围和室温设定值意义的专业知识，一座楼里会出现室温设定值分布在18~30℃的大范围。自动控制系统真的按照这样的设定值对各个建筑空间进行温度调控，就必然出现大量的冷热抵消、效率低下，也不可能实施什么利用室外环境的节能调节。面对这样的普遍现象，有些建筑或者尝试统一设定值、取消使用者自由调节的权利，或者把设定值可以调节的范围限制在一个很小的范围（例如22~25℃之间）。但这样取消或削弱末端使用者的调控权利实质上也就中断或弱化了服务系统与被服务对象之间的沟通，这又怎么能提供最好的服务呢？

实际上使用者对室内环境的需求并非是对单一参数的要求。温度、湿度、自然通风状况、室内气流场、太阳照射情况、噪声水平等多种因素综合相互作用影响。并且这种多因素对舒适与适应性的相互影响程度还因人而异，是一种辩证的综合的影响。目前很难通过人工智能的方法识别、理解使用者对诸多环境因素的综合感觉，因此只能是机械地对各个环境参数分别调控。这也极大地制约了中央调控方式充分利用自然环境条件实现节能的舒适调节的可能性。

① 王福林，毛焯. 实现智能建筑节能功效的技术措施探讨 [J]. 智能建筑，2012（11）：54-58.
② 张帆，李德英，姜子炎. 楼控系统现状分析和解决方法探讨 [J].2011（10）.

什么是使用者的真正需求？对国内外办公建筑组织的多个问卷调查研究中，得到一致的结论是：使用者认为最好的服务系统是可以自行对室内各种环境状态（如温度、照明、遮阳、通风等）进行有效的调控。如果使用者能够开窗通风、拉开或拉上窗帘、自由开关灯、调控供暖空调装置给室内升温和降温、改变室内通风状况、平衡噪声与通风量等，使用者成为调控室内状况的"主人"，也就不会抱怨，而是对服务感到满意。面对诸多调控手段，尽管智能系统难以作出正确判断和选择，但对任何一个普通的使用者来说却很容易。当室外出现雾霾或高温高湿的桑拿天气时，使用者一定会关闭门窗；而当室外春风和煦时，开窗通风一定是必然选择。这些对人来说极简单的判断和操作，对智能系统却不易实现。这就是在试图满足分布在一定范围内的需求时，集中的智能控制与需求者的自行控制间的巨大区别。那么怎样最好地满足使用者的自行可调的需求？就需要建筑、系统和调控的三方面协同配合：

（1）建筑应为性能可调的建筑：开窗后可以获得良好的自然通风，关闭后可以保证良好的气密性；需要遮阳时可以完全阻挡太阳光射入，而喜欢阳光时又能够得到满意的阳光照射；需要时可以使使用者感觉到与自然界的直接联系，不需要时又可以让使用者避开与外界的联系从而感到安全、安静。

（2）服务系统应为独立可调的系统：可以在使用者的指令下，对室内温度、湿度、照明状况、通风状况、室内空气自净器状况进行调节，满足不同时间的不同需要。

（3）使用者对建筑和服务系统的调节，可以是最传统的操作（例如人工开窗、人工调整窗帘），也可以通过各种开关按键调动末端执行器去实现调节操作。在办公室工作的人不会因为需要起身开窗或启停空调器而抱怨或觉得建筑物的服务水平低下。反之，那些所谓的智能调节反而经常是给使用者一个无思想准备的突然干扰，或者在需要调节时迟迟不动，引起使用者抱怨。科学技术发展把人类从繁重的体力劳动和危害健康的劳动环境中解放出来，使得工作成为享受生活的一部分，但并不是取消人的任何活动，取消建筑使用者为调控自身所在环境所需要的一切简单操作。

（4）此时，智能化节能系统可以起到什么作用呢？应该是协助性地拟补使用者可能疏忽的环节，避免不合理的能源消耗。例如，当识别出室内有一段时间无人，判断出办公室已经下班停用时，关掉照明、空调等用能设备；测出室内依靠自然采光获得的照度已经可以达到使用者开灯之后的室内采光水平时，关闭照明；判断出如果关闭空调供暖装置室温也可以维持舒适水平时，尝试关闭空调供暖装置；判断出室外环境恶化时，提醒使用者关窗等。也就是，各类调节由使用者主导，智能化系统辅助。智能化系统不主动启动任何耗能装置，只是在使用者由于遗忘而未关停时关闭不该开的装置。这样，既给予使用者以主人的地位，又尽可能避免由于遗忘造成的设备该关未关而出现的能源浪费。这样的智能化才真有可能实现进一步的节能！

国内外近20年来都有不少公共建筑（尤其是办公建筑）能耗状况的调查，发现同功能办公建筑实际能耗相差悬殊的主要原因之一正是使用者行为的不同。而这种不同在很大程度上又是由于建筑与系统的调控模式给使用者不同程度的可操作空间所造成。对于相同的环境，与不具备调控能力的使用者相比，具有调控能力的使用者对环境的满意度更高。具有调控能力的使用者对环境的承受范围更广，不具有调控能力的使用者对环境的要求更为苛刻。这为平衡室内环境与建筑节能问题提供了新的思路。通过改变调控理念，给予使用者更大的调控力，同时再通过各种方式的文化影响去营造人人讲绿色、人人讲节能的文化气氛，才有可能实现最大程度的建筑节能，实现我们规划的未来建筑用能目标。

7 市场需要什么样的公建

本书第六章（略）介绍了一批低能耗办公建筑的最佳案例：深圳建科大厦、上海现代申都大厦、广州设计大厦、山东安泰动态节能示范楼等。从这些办公建筑的实践中可以在不同程度上找到以上诸理念的影子。很可能这些设计者并不一定有意识地从这些理念出发，而是我们从他们的这些成功实践中以及我国更多的建筑实践的正反两方面的工程案例中逐渐提炼出来得到如上认识。进一步分析的话，可以发现从上述理念出发确定建筑形式和服务系统形式，采用创新的技术措施进一步提高建筑和系统性能，精心管理从每一个环节入手优化运行，这三点是这些案例得以在提高服务质量和实现低能耗运行间达到平衡，既提供了上乘的建筑服务，又真正实现了低运行能耗的关键。值得注意的是，这些最佳案例的业主同时也都是设计者和建筑物的最终使用者，都是自己出资为自己营造的办公楼。为什么就没找到一座按照建筑市场目前的标准模式由投资方、设计方、经营方合作建造成功的真正具有显著节能效果、可以与前面几座办公楼有一比的建筑呢？为什么各地许多集成了各种节能技术的示范楼最后都背离了前述理念，也并没有真正实现低能耗呢？本节试图分析一下这些事实背后深层次的原因。在总结这些最佳实践案例的设计与建造过程中，发现了如下两个特点：

（1）这些项目的基本出发点是什么？是为了自用，不为出租、不为出售，不必追求市场形象。项目的基本出发点就成为怎样使得盖好的楼最好用、最节能。而如果建造的目的是为了出售、为了出租，则首先追求的是建筑的"档次"、"形象"，这对于在销售和出租市场上运作和获得成功至关重要。例如：现在很多地区认为VAV（变风量空调）是高档办公楼空调方式的必选方案，否则就不够"五星级"。而如果是采用分体空调，可能连"两星级"都不够了。这样，VAV这种空调就成了"屡战屡败、屡败屡战"的办公室空调形式。尽管很多实际工程运行案例表明，VAV方式的空调能耗高、新风保障程度差，很难真正实现理想的调节效果，但由于已经形成这种VAV文化，为了上档次，投资、效果都可以让位。为了迎合客户的需求，设计部门也只好违心地采用这些他们也知道并不节能或者并不好使的技术。"说实话"，实事求是的原则在这里大打折扣。反之，一些社会上流行的节能新技术、高技术却无论其是否真的节能、真的好使，即使作为装饰和招牌，也可以采用。这种"土豪文化"可能是目前真正的节能理念和有效的节能技术不能被业主接受，而许多并不实用的装置、并不节能的高新技术却能够得到市场的吹捧的实质原因。也是这种土豪文化，在新建的大型公建领域比最高、比豪华，各类玻璃幕墙的采用、各种超大型LED屏幕的兴建，巨大的社会资源投入，既不能给使用者带来真正的舒适环境，又增加了运行维护费。同时对城市环境还是一种文化污染和亵渎，使城市更远离宁静，促使人心浮躁。这种土豪文化是目前城市建设中贪大求洋、不求实效的文化根源，也是导致目前建筑市场这种图虚名不看实效的文化基础。重新回到"安全、实用、经济、美观"的建筑基本原则来，需要重塑城市文化！

（2）前面提到的这些案例，由于都是给自己盖的办公楼，舒适否、经济否将直接构成对自己的未来使用的效果，所以这些项目在设计中作了大量的分析论证。例如，深圳建科院大楼项目的前期设计研究与论证工作所投入的人力大约十倍于同样规模的办公建筑设计所需工作量。正是这种不计成本的精心设计，反复论证，才能使得在方案上能够找到最适合当地环境又适合于自己未来实际使用模式的建筑和系统方案，也才能使得部品的选取、建筑的细部、施工图设计等都能体现总体方案和理念，使得设计理念得到真正的实现。这种不计人力成本的精心设计是这几个案例得以实现的又一原因。而现今激烈竞争的设计市场，除了在建筑师方案上的非理性竞争，剩下的就是压缩成本，抢时间、赶速度、比功效。这就很难容许设计院这种并不增加图量、并不增加花销的巨额人力投入。而实际上正是这样的深入研究论证和在每个细节上的严格落实才是出真正的精品建筑的关键。在这些环节上的投入远比虚的炒作投入和实的部件投入更能对业主产生长远效益。盖楼是百年之计，为什么不能在建造过程中投入更多的理性，使其在百年中得到更大的效益呢？

在这样的设计市场和文化下，比高，比豪华，比奢侈的"土豪文化"，加上各种设备厂家以"节能环保"、"最新技术"为标牌的轮番轰炸，再加上低廉的设计费用、苛刻的研究条件，连推带拽，自然就成就了目前这些大量技术堆砌、毫无实用价值、既不舒适又不节能的"高档建筑"。而为自己建造办公楼时，清醒者却能"狂风暴雨"不动摇，求实、求真，并做出好作品，产生好效果。这

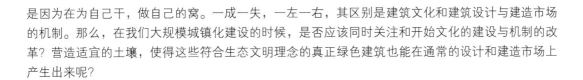

是因为在为自己干，做自己的窝。一成一失，一左一右，其区别是建筑文化和建筑设计与建造市场的机制。那么，在我们大规模城镇化建设的时候，是否应该同时关注和开始文化的建设与机制的改革？营造适宜的土壤，使得这些符合生态文明理念的真正绿色建筑也能在通常的设计和建造市场上产生出来呢？

8　生态文明的发展模式

十八大提出要"把生态文明融入经济建设、政治建设、文化建设和社会建设中"。这给出了我国今后社会发展和经济发展的基本原则，也更明确了开展建筑节能工作的总纲。纵观人类的文明发展史，可以认为是经过了原始文明、农耕文明、工业文明和生态文明四个历史阶段。在农耕时代，人类无驾驭自然的能力，受科学技术与生产力发展的限制，人类完全拜倒在自然面前，只能在自然条件容许的框架下进行人类活动。这是农耕文明的产生和发展的经济基础，也形成至今的宗教、神。进入工业革命后，人类驾驭自然的能力得到空前的提高，从而进入了大规模开发利用自然资源，以满足人类的各种需要的工业文明阶段。科学技术的进步使得生产力有了前所未有的发展，人类的生存条件、文化、社会也得到充分的发展。在工业文明阶段，人与自然的关系是人类充分挖掘利用各类自然资源，以满足人类发展的需要，满足人类的欲望。在工业革命初期，人类对自然的开发利用的活动还很少能影响到自然界状况，而这种开发却极大地促进了人类的进步，因此无可非议。然而随着工业文明的发展，人类对自然的挖掘活动已经强大到足以影响到自然界本身的变化时，人类与自然应该是什么关系就需要重新考察和审视了。面对"资源约束趋紧、环境污染严重、生态系统退化的严峻形势"，人类就必须改变自己的文明发展模式，由最大限度地挖掘自然以满足自身的无限需求的发展模式改变为在人类自身的发展与自然环境的持续之间相协调的发展模式。这就是生态文明的发展模式。这是人类发展史上的一个新的阶段，也是一个新的飞跃。从生态文明的发展模式出发，反思以往的工作，就会对许多事情有新的认识和看法。对发展绿色建筑的目的、方式，对实现建筑节能的途径、做法，对城镇化建设模式、方向等方面的争论实质上都可以从生态文明还是工业文明这样两种不同的人类与自然的关系上找到答案。所以，从理论上弄清生态文明对城镇化发展的要求，从实践上真正把生态文明融入建筑节能的各项具体工作中，才可能真正从"形似"到"实质"，从根本上实践好建筑节能工作。

注：经江亿院士同意，本文摘自中国建筑工业出版社 2014 年 3 月出版的《中国工程院咨询项目——中国建筑节能年度发展研究报告 2014》第三章。

2

绿色建筑评估标准

清华大学　林波荣教授

1　国际绿色建筑评估标准体系比较

　　围绕规范和推广绿色建筑，近年来许多国家制定和发展了各自的绿色建筑标准与评估体系，包括：美国的 LEED 绿色建筑评估体系，英国的 BREEAM，日本的 CASBEE，十五个国家在加拿大制定的 GBC 体系，德国的 LNB《可持续发展建筑导则》，澳大利亚的 NABERS，挪威的 Eco Profile，法国的 ESCALE 等。20 世纪末，我国香港、台湾地区也相继推出绿色建筑评估体系。我国学者及研究人员于 2001 年 9 月推出《中国生态住宅技术评估体系》，2003 年 8 月针对奥运研究了《绿色奥运建筑评估体系》（简称 GOBAS），2006 年 3 月建设部出台了《绿色建筑评价标准》（GB/T 50378-2006）。2007 年原环保局出台了《环境标志产品技术要求生态住宅（住区）》（HJ/T 351-2007），为中国绿色建筑的发展起到了良好的引导和推动作用。其中英国的 BREEAM、美国的 LEED、加拿大等国的 GBTool，以及日本的 CASBEE 为国际上比较有影响力的几大评估体系。表 1 为这四种评估体系的简介。

国际上四种主要绿色建筑评估体系简介　　　　　　　　　　　　　表1

名称	BREEAM	LEED	GBTool	CASBEE
起源	英国	美国	加拿大等国	日本
评价	最早的绿色建筑评估体系	商业上最成功的绿色建筑评估体系	最国际化的绿色建筑评估体系	最科学的绿色建筑评价体系，政府推动
适用建筑类型	新建和既有办公、住宅、医疗、教育建筑等，共8种类型	新建和既有建筑、住宅、社区、内部装修等，共6种类型	新建商业建筑、居住建筑、学校建筑等	新建和既有各种类型，社区、政府办公楼等，共10余种类型
评价方式	评定级别（通过，好，很好，优秀）	评定级别（通过，银，金，白金）	评定相对水平（相对于基准水平的高低程度）	S，A，B，C（折算为建筑环境效益，百分制）
评估内容	管理 人类健康 能源 交通 节水 材料 土地利用 生态 污染	可持续场地规划 提高用水效率 能源与大气环境 材料与资源 室内环境品质 创新设计	资源消耗 环境负荷 室内环境质量 服务品质 经济 管理 交流、交通	Q：建筑品质 Q1. 室内环境 Q2. 服务品质 Q3. 场地环境 L：环境负荷 L1.Energy 能源消耗 L2. 材料和资源消耗 L3. 大气环境影响 BEE（建筑环境效益）= Q/L

　　对比当前的国内外绿色建筑评估标准（或体系）（表2），可以发现：

　　（1）在评价内容上，几乎所有的评价体系都包括了场地环境、能源利用、水资源利用、材料

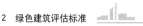

与资源、室内物理环境等五大内容，而不同的地方则在于是否考虑建筑的可改造性、运行管理、创新机制等，而且上述内容在具体的条文分配上并不相同。

（2）在框架设计上，基本上包括以下几种类型，即设计指南型（LEED、HKBEAM）、评分表格型（GBTool、NABERS）、二者结合型（BREEAM、CASBEE、GOBAS）、简单指标型（台湾地区）。

（3）在阶段划分上，美国、我国台湾和香港的评价体系基本上没区分，而包括 GBTool、CASBEE、BREEAM、NABERS、GOBAS 在内的评价体系都涉及了不同阶段，并在评价内容、重点和方式上进行了区别设计。

（4）在权重体系方面，可以认为以美国 LEED 体系为主的是一种无权重（或者线性权重）评价体系，而 GBTool、CASBEE、BREEAM、NABERS、GOBAS 则包含了多级权重系统。

（5）在全生命周期评价中，由于各国国情和基础数据库的不同而有所不同。美国的 LEED 体系基本上没有提供全生命周期评价的 LCA 数据库；BREEAM 对建筑全生命周期环境影响的评估是基于"生态积分（Ecopoints）"模式之上的，即采用一个典型的英国公民对环境的影响作为"基准"量度不同类别的环境影响，其数值由英国全国的环境影响总量被英国公民总数除而获得。

国内外主要绿色建筑评估体系的对比　　　　　　　　　　　　　　　　　　　　　表2

	推出机构	Q/L 评分	阶段区分	定量化指标	权重体系	全生命周期评价	结构设计	先进性	方便性
美国 LEED	民间	无	无	节能（钱）、节水	1级	基本无	Checklist 为主	☆	☆☆☆
日本 CASBEE	官方	√	√	节能、减排、节水、节材	3级	具有丰富的数据库	以评分为主	☆☆☆	☆
英国 BREEAM	最早为官方，后市场	无	√	节能、减排、节水	2级	具有丰富的数据库及生态足迹概念	以评分为主	☆☆	☆☆
加拿大等12国的 GBTool	民间	无	√	节能、减排、节水	3级	各国自定	以评分为主，可灵活修改	☆☆	☆☆
香港 CEPAS	官方	√	√	节能、减排、节水	2级	参考日本	措施＋评分	☆☆	☆☆
中国 绿色建筑评价标准	官方	无	√	节能（百分比）、节水（百分比）	1级	暂时无	措施（条文）评价	☆	☆☆☆

2 LEED 体系的科学性评价

从 LEED 的开发伊始，其使命就非常明确：不是要去精确度量建筑的环境性能，而是要成为推进建筑市场改革的有力工具。这一特点是它市场化成功的根本所在，也是争议的焦点。

例如，LEED 非常重视作为一个服务于市场的产品所需的推广活动以及与建筑行业相关人员（包括使用者、设计师、专家等）的交流与合作，同时开展了大量的培训活动，不仅通过培训的收益弥补了 LEED 推广前期较低评估费用造成的赤字，更重要的是深入地宣传了 LEED 评估体系。但是一个事实是，在美国，能够最后确认评价结果正确性的评估师不过 20 人左右，而经过 LEED 培训的人员却非常多。[①]

当然，LEED 主要被诟病的问题在于，针对绿色建筑的节能、节水、节材、室内环境、场地和创新几方面，并没有针对每一个单项性能有一个最低分的约束。结果只是按照总分约束，实际应用中带来了不少的问题，甚至有不少完全不合理的现象出现。

LEED-NC 的可得总分为 69 分，其中可持续场地部分总分 14 分，节水部分总分 5 分，能源

---

① 引自国际绿色建筑专家 Larsson 2004 年 SB04 会议的一次演讲。

与大气环境（简称节能）部分总分 17 分，材料与资源部分总分 13 分，室内环境质量部分总分 15 分，创新设计部分 5 分。"通过"级要求被评项目获得其中的 26 分以上，即获得总分的 37.7% 以上就可以获得认证。假设建筑环境性能是均衡的，那么每个影响类别的得分应该都在该项可得总分的 40% 以上。但实际上，这些通过认证的建筑的得分出现了极大的不均衡，并非都是在 40% 以上。通过对获得 LEED-NC 通过级别以上的 156 个建筑评价数据进行整理，发现了一些问题。例如：可持续场地的通过分应为 5.6 分，156 个 LEED 认证建筑中 60% 在此基准之上。材料和资源部分的通过分为 5.2 分，55% 的认证建筑在此基准之上。而室内环境部分 80% 的认证建筑得分在基准分之上，创新设计部分 87% 的认证建筑得分超过了基准分的要求，而且有 24 个案例得到了满分。与之形成鲜明对比的是，在节能部分，只有 16%、不足 25 个案例得分基准分 6.8 分以上，甚至有 9 个 LEED 认证的建筑在这个总分为 17 分的节能要求中 1 分未得。

　　这说明了 LEED 评价体系中的不科学之处，即允许各方面性能表现的互相补偿。如上面分析结果表明，节能方面的性能是 156 个 LEED 认证建筑案例的薄弱项，也是难点，但是如果建筑不希望在此多费气力，那么也可以轻而易举地通过在相对定性的创新设计、室内环境质量等方面获得高分而同样达标。这与国际上对绿色建筑各方面性能均衡发展的共同观点并不一致，却是市场化推广的最为快捷的道路，但实际上已经偏离了绿色建筑的本质和初衷。

　　LEED 标准体系中还有一些过于重视设备节能的地方。例如，尽管提高新风量会增加运行能耗，但在 LEED 中提高人均新风量指标总是可以得分的（例如办公室中的 100m³/（人·h））。首先，在室内环境部分可以改善空气品质，得分；其次，在节能部分，采用参考建筑进行能耗模拟时，参考建筑的新风量标准必须和设计建筑一样，即使是明显地高于《ASHRAE62-2001 通风与室内空气质量标准》（ASHRAE 62-2001 Ventilation for acceptable indoor air quality）。特别地，这时候只需要建筑方案设计了新风热回收就行，原因是绝大多数情况下与其比较的参考建筑是规定不能设计新风热回收的。因此有一个 LEED 认证中的"策略"就是，不管如何提高新风、照明等各方面的标准，只要采用了节能的设备就能使节能部分得到高分。究其原因与美国绿色建筑委员会（USGBC）中过多的产品供应商及其拥有的话语权不无关系。但是这却是与节能的最终目的背道而驰的。此外，LEED 的一些条文是基于美国国内标准（包括围护结构和暖通空调节能设计标准、设备性能标准、室内声光热和空气品质标准）确定的，尽管没有直接说明，但是对于国际上的项目却不得不优先寻找美国或北美地区的材料或产品供应商。特别是为了创新设计、室内环境质量等方面获得高分，盲目提高室内的舒适度标准和档次，结果是大大增加初投资，为国外制造商制造了更多的产品销售机会，另一方面实际上却更加耗能。

　　最近 USGBC 的 Brendan Owens 以及新建筑研究所的 Mark Frankel 和 Cathy Turner 对实际运行的 LEED 建筑进行了调研和回访，最初大家都以为"LEED 项目在节能方面有重要的意义：通过 LEED 认证的建筑，就意味着更节能；在 LEED 评分中级别越高，节能效果越好"。调研结果表明 LEED 建筑和没有通过 LEED 认证的建筑相比的确有所节能[①]，见图1，但是意料之外的却是：

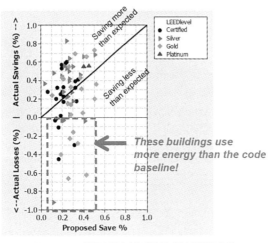

图 1　LEED 认证案例中实际能耗和设计能耗的差别

---

① 这与美国整体建筑能耗水平高直接相关。

- 仅 30% 的 LEED 建筑运行能耗比预期良好；
- 25% 的 LEED 建筑运行能耗比预期差；
- 许多建筑都存在严重的能耗问题；
- 越是高级别的示范性、实验性建筑，其建筑能耗水平反而比预期更高，一般能高出一倍左右。

此外，LEED 认证中还有一些很匪夷所思的策略，例如允许购买一些古董类的字画等，通过价值折现实现材料资源的可回收利用。这大概是过分市场经济下的结果，无法再过多评价。

总的看来，LEED 并非一套科学的绿色建筑评估体系，在市场上成功并不能掩饰其评价体系中的诸多不足。事实上，LEED 编制委员会也意识到了这一问题，并试图改进。奈何商业影响过大，总体看来依然收效甚微。

3　LEED 适合中国吗？

作为国际上商业化最成功的绿色建筑评估体系，LEED 在 2003 年前后进入中国，依仗其庞大的市场运作能力，以及来自美国这一最具国际影响力的"绿色建筑标准"的无形标签，在近几年中得到了国内房地产开发项目的极大追捧。

国内主要的房地产开发商都有项目参评 LEED 认证，例如：招商地产的泰格公寓（银级，国内最早的 LEED 认证项目）、万科地产的大梅沙万科总部（铂金）、西湖新天地、北京财富中心等，据统计登记申请美国 LEED 的中国国内项目已经达到了 100 多个。一方面，国内越来越多的项目更青睐 LEED 项目，另外一方面，越来越多的国外公司、专家纷纷进入中国，或者代理 LEED 咨询，或者进行产品促销；同时国内不少企业、业界人士也纷纷注册为美国绿色建筑委员会的委员单位或去考 LEED 的评估认证师[①]，国内不少网站、科研单位或人员也在着手出版 LEED 认证等方面的书籍资料，或进行 LEED 的宣讲，一下子大有轰轰烈烈的阵势。LEED 仿佛成为绿色建筑国际标准的代名词，并俨然比其他标准（包括国内的绿色建筑评价标准）更权威、更科学、更具有市场影响力。

事实真是如此吗？首先，从商业运作的角度，房地产企业申请 LEED 超越了科学的范畴，不是本文讨论的重点。其次，关于 LEED 是否科学的讨论，前面已经讨论，这里不再重复。下面着重从过分推崇 LEED 可能带来的问题进行分析。

第一，从国内项目申请 LEED 认证来看，绝大多数项目是声势浩大地注册、递交完申请、开完了新闻发布会之后，便没有了下文。真正拿到认证（奖项）的很少；甚至有些项目申请完便没有开工。这不是因为受到了 2008 年 10 月份之后金融危机影响后房地产资金链断裂之后的现象，而是过去几年内的事实。比较直接的原因是房地产开发商的务实性，因为 LEED 认证带来了过多的初投资的增加，已经超过了绝大多数房地产的理性承受力。例如，无论是否通过，LEED 项目光注册费用就需要 1.5 万 ~4.5 万美元。其次，国内外 LEED 认证公司进行认证的技术咨询费用基本上都在 30~40 元 /m²，并不包含初投资的增量。最后，实际 LEED 认证导致的建筑成本增加还额外需要 200~1000 元 /m² 不等。原因是房地产项目的时间紧迫，在产品招标投标中不得不求助于北美公司的材料、设备，结果自然价格不菲。正是因为绝大多数开发商只想以一个典型工程申请 LEED 认证当做卖点，宣传自己，而并非真的致力于绿色，这样做就容易形成行业内的盲目跟风现象，而事实上从心理和实际准备方面都不是真心实意地。

第二，当前过分追求 LEED，容易推波助澜地帮助北美公司进入中国房地产市场。而换一个角度看，国内的 LEED 认证的确变成了一个新兴市场的推动者，一个和厂家利益、商业利益紧密相关的活动。特别地，近几年来 LEED 大肆推广的高通过率的 LEED AP 认证（近 70% 的通过率和不菲

---

① LEED AP，一个项目有 LEED AP，可以直接获得一分。

的考试费用），以及在中国国内设置考点，商业化目的更加明显。这样的事情对于当前中国参差不齐、尚未成熟的房地产市场而言还是少一些好。

第三，由于中国的国情与美国不同，有些 LEED 认证级别较高的建筑用中国的《绿色建筑评估标准》来评，结果却并不好，并不符合中国政府和科研院所对绿色建筑的共识。原因是，通过对我国北京、上海、深圳等地的城镇建设以及绿色建筑发展现状的调研，发现即便在发达城市，城市建筑也均普遍存在运行能耗高、材料资料消耗大、建筑室内声光热环境及空气品质差的现状，而且不同类型建筑或者相同类型建筑不同地区的水平差距较大。总的看来，从调研分析和数据对比来看，目前我国建筑环境质量的现状和要求存在很大的差异，不像发达国家总体水准较高、差别较小，问题的主导方面是能源、资源与环境代价的最小化。因此，我国的绿色建筑评估体系绝不能像 LEED 那样允许其中节省能源、节省资源、保护环境的条例与室内舒适性、服务水平的彼此相加或相抵。

最典型的案例就是国内南方某房地产公司建筑，尽管该项目号称申请 LEED 的最高级别铂金奖，但是根据其目的进行国内绿色建筑的评价标识，结果只获得了绿色建筑二星级，最后直接取消国内的绿色建筑二星级认证。

尽管现在中国现有的建筑标准、法规还存在条文有漏洞、管理、执法不到位等问题，阻碍了绿色建筑的全面发展，现有的绿色建筑评价标准在定量化评价方面也还有改进的地方，但是从科学、平稳地推进我国城镇可持续建设的角度出发，我国绿色建筑评估体系研究和编制还是应当强调因地制宜和分阶段控制，一方面充分吸收国际上最先进、最科学的绿色建筑评估体系的优点，一方面注重国内不同地区的气候特点、经济技术水平和建筑类型，通过开展标准体系评价框架、评价指标适应性、权重系数等问题的研究和确定，来解决评估标准的不适应问题。

注：经林波荣教授同意，本文摘自《中国工程院咨询项目——中国建筑节能年度发展研究报告》（2009 年）第三章。

3

杭州东部湾总部基地概念规划与城市设计——绿色城市理念

陈峥嵘　赵榕　朱小飞　方惟淼　Riki Nishimura

摘要：杭州东部湾总部基地概念规划与城市设计是一次针对生态、文化的理性回归，设计摒弃了常规强调标志性要素、高层云集的 CBD 中心模式，反而重视地域文脉、环境、江流、湿地、街道与城市的密切关系，通过生态网格化的规划手法试图建立一座有机的低能耗的"绿色城市"，创造优美的街景、公园、湿地景观，实现都市与自然和谐共生。本设计凭借这项理念荣获美国建筑师协会加州分会 2013 年年度城市规划设计大奖 (2013 Awards for Urban Design Merit Awards of AIA cc)。
关键词：生态文明，风景城市，生态穹顶，网络化

1 — Landmark Twin Towers 地标双子塔
2 — Convention Center 会议中心
3 — Eco dome 生态穹顶
4 — Knowledge and Exhibition Corridor 展廊
5 — Hotel / Service Apartments 酒店 / 服务部门
6 — Signature Office Towers 地标办公楼
7 — Office Buildings 办公楼
8 — Technology Research and Development 科研中心
9 — Clubhouse 俱乐部
10 — Sports Park 运动公园
11 — Sports Club 运动俱乐部
12 — Wetland 湿地
13 — Wetland Interpretive Center 湿地介绍中心
14 — Constructed Wetland 人造湿地

0   250   1000ft
0   0.5   0.75 miles

经济技术指标

建设用地面积：53.85 万 m²
（未包含道路面积）

总建筑面积：154.4 万 m²

其中：

办公面积：92.6 万 m²
（占总建筑面积 60%）

商业及配套服务设施面积：34.0 万 m²
（占总建筑面积的 22%）

SOHO 办公、酒店式公寓面积：27.8 万 m²
（占总建筑面积 18%）

容积率：2.8
绿地率：32%
建筑密度：31%

绿色城市实践——杭州东部湾总部基地概念规划与城市设计

　　绿色城市理念是欧洲国家实践可持续发展理念的思想体现。与以往的规划模式，尤其是美国模式不同，它体现了当代实现可持续发展目标的要求，并为城市与环境的和谐发展指出了未来的可能方向。

　　绿色城市理念是将城市作为聚居地，自然场所，一个新陈代谢的，需要不断吸收和排放废物的有机体。因此需要注重城市内外与自然与环境的协调、永续发展，即生态文明。例如城市外部方面，在新城镇化过程中，新城市选址将会选择一些更适合人类生存的区域；城市内部方面，能源供给将更多地采用可再生能源以及提高能效。无论居民、商业和公共建筑都加大节能建筑的比例，交通领域统一高燃料标准，采用更多的新能源汽车等。

　　在本案中，设计师探究了能源的循环利用和新的城市形态，以实践绿色城市的设想。也正因为设计师绵密的思考，使杭州东部湾总部基地概念规划与城市设计于 2013 年获得了美国建筑师协会加州建筑师分会城市设计奖（2013 Design Award Winners Announced 2013 Awards for Urban Design）（此奖用以表彰对城市规划，社区建设和市区环境作出突出贡献的设计作品。其评审组成员来自美国景观设计师协会（ASLA），美国建筑师协会（AIA）等权威机构）。

THE AMERICAN INSTITUTE OF ARCHITECTS.
CALIFORNIA COUNCIL

2013

MERIT AWARD

FOR

URBAN DESIGN

CONFERRED UPON

WOODS BAGOT

IN COLLABORATION WITH

JIANXUE ARCHITECTURAL AND ENGINEERING DESIGN INSTITUTE HANGZHOU

AND

HANGZHOU PANORAMA ARCHITECTURE

FOR EXCELLENCE IN DESIGN OF

XIASHA NEW ECONOMIC BUSINESS PARK

JURY CHAIR

夜景鸟瞰图
perspective

杭州东部湾总部基地概念规划与城市设计　2013.04

绿色城市实践——杭州东部湾总部基地概念规划与城市设计

1 项目概况

1.1 项目意义

本案地处杭州东部的下沙，是杭州市经济发展中活跃而重要的增长极。随着杭州城市发展从西湖时代步入钱塘江时代，下沙的发展也有了新的命题——即逐步完成从杭州经济技术开发区到杭州副城的转变。

要完成这一转变，需要首先对几个重点功能区作功能的整合提升。杭州东部湾总部基地正是率先启动的几个重点功能提升区之一。

1.2 项目区位

本案基地位于下沙新城最南端，六桥桥西。它不仅是下沙首要陆路及水道的双重门户，也是钱塘江水上航道的视觉焦点。位置的重要性决定了其形象的重要性，开发区政府有信心将其打造成下沙南部的副中心。

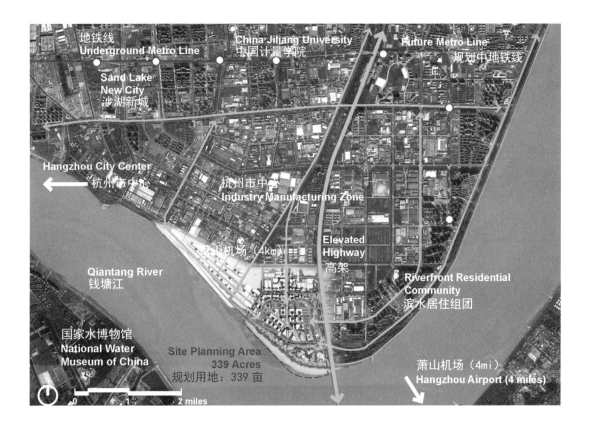

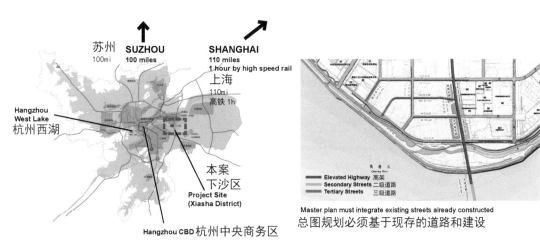

Master plan must integrate existing streets already constructed
总图规划必须基于现存的道路和建设

绿色城市实践——杭州东部湾总部基地概念规划与城市设计

2 方案解读

2.1 规划结构概述

通过对基础资料的深入解读和现场的实地踏勘，本案提出"两轴、一环、一中心"的基本规划结构。

采用轴线规划的城市中有不少成功案例，如今的巴黎就是一个由轴线网络构成的城市。长短不一、方向各异的诸多轴线组成了城市的基底，形成了城市的基本脉络。轴线的使用，不仅确定了城市建设的秩序，同时也延续了城市文脉。

2.2 两轴

就本案用地周边情况总体来看，可以清晰地梳理出两条轴线，即南北向的 13 号大街和平行于江滨的斜轴。

由北侧进入用地的 13 号大街，与北侧东西向的 16、18 号大街垂直处现状均留有接口，在未来厂区用地功能升级置换后，13 号大街有望连通达到约 2km 长，成为一条直通江滨的林荫大道轴线自北向南贯穿用地。

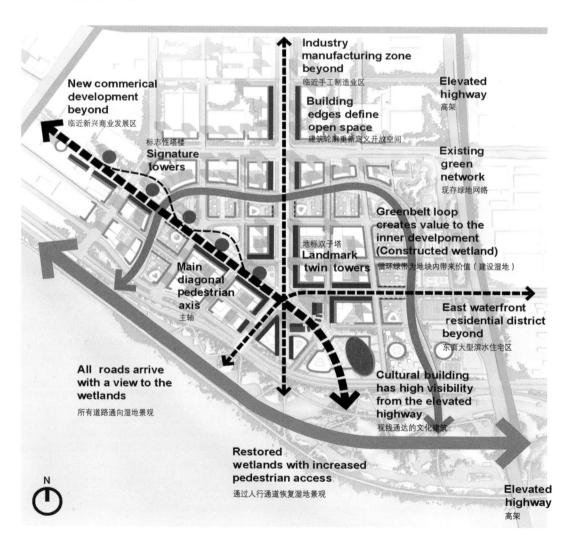

2.3　一环

通过地块价值分析，可以看到现状道路格局下用地价值存在着明显的差异，和沿江丰富的江景、湿地资源比起来，北侧腹地景观资源相对较为贫乏。规划格局中的"一环"指的就是由南侧湿地公园东西两头引发，向用地深处延续，最终连接形成的环状绿色空间。这个绿环使整个区域形成"景观"—"城市"—"景观"—"城市"的"风景城市"格局，使腹地的景观资源得以提升，让每一个街区都有一个紧邻的绿色空间。

由于用地东侧高架高速公路，以及高速路另一侧已建成大型住宅区的区隔，整体城市空间考虑向西北侧发展，与西北侧三角形用地间打造平行于江滨的斜轴联系，形成一个完整的慢行开放空间，并有形体自由的点式高层建筑有韵律地沿其布置。

"一环"并非纯景观的开放空间，而是融入了总部企业的研发中心和若干公共服务设施。波浪形的植草屋面连绵起伏，景观化的建筑处理既提供了开放空间，也保证了用地有一定的容积率和开发强度。

根据区政府定位发展生产性服务总部基地的总体决策和部署，本案考虑在可建设用地的东南一隅设置一个相对独立的启动区，主要由政府投资建设，以吸引浙江省内有一定经济实力的民营企业总部或浙商回归总部进行后续的二期、三期开发。

2.4 一中心

位于"两轴"交叉点的启动区从空间和功能上都可被看做整个区域的"中心"。其功能配置强调综合性：包含了一座作为该区标志性建筑的双塔写字楼，一座临一线江景的五星级酒店，一座区内服务配套中心和一座综合了科教和文化的公共设施——生态穹顶，拟命名为中国湿地自然生态馆。有了公共设施的支撑，不仅带来了标志性的滨江景观，提升了该区的综合环境品质；同时也自然地把该区标注到了地图之上，影响力的提升可以吸引更多的市民，甚至是来自全国、全世界的旅客前来参观游览，从而提升该区活力。

2.5 城市空间结构

由于用地东侧高架高速公路，以及高速路另一侧已建成大型住宅区的区隔，整体城市空间考虑向西北侧发展，与西北侧三角形用地间打造平行于江滨的斜轴联系，形成一个完整的慢行开放空间，并有形体自由的点式高层建筑有韵律地沿其布置。

在城市空间上，林荫大道、斜轴步行广场和环状绿色空间提供了舒适但不同的城市体验。而作为两条轴线的交汇中心的启动区则为人们提供了更广阔的开放空间和一个抬高了 6m 以上的景观平台。当人们到达生态穹顶所在的平台时，视线可越过沿江防洪堤观赏壮阔的钱塘江景。

2.6 城市天际线营造

从被看的角度，规划拟着重打造两条天际线，即沿江一线天际线和斜轴沿线天际线，并且有意将两条天际线的峰谷错开，形成活泼灵动的城市环境与有设计品质的城市空间。

2.7 城市节能减排

系统化公共空间和具有吸引力的场所得以营造；产业转型升级得以逐步有序地完成。企业总部办公、研发中心、酒店配套、零售商业、人才公寓等功能配比和位置布局合理。层级化的道路系统、绿道系统及屋面绿化系统有机融合。

建筑布局松紧有致，着意留出东南方向风道，有利于城市热岛效应的降低。市民的城市体验不再是永远密不透风的混凝土建筑森林，而是交错了城市和景观，不断穿越绿色开放空间的丰富体验。

这样的城市布局，不是"建设＋建设"的叠加，而是被绿色"网络化"的城市。它是真正的宜居城市，是下沙"城市国际化、产业高端化、环境品质化"目标定位的具体体现。

杭州东部湾总部基地的建成将成为下沙这一杭州东部品质之城迈入全新的发展阶段的又一示范标志。

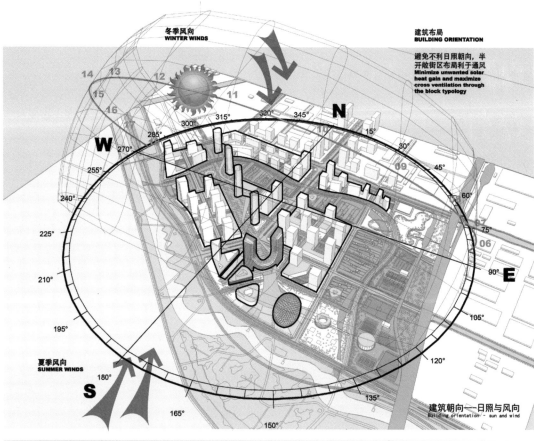

冬季风向
WINTER WINDS

建筑布局
BUILDING ORIENTATION

避免不利日照朝向，半开敞街区布局利于通风
Minimize unwanted solar heat gain and maximize cross ventilation through the block typology

夏季风向
SUMMER WINDS

建筑朝向——日照与风向
Building orientation - sun and wind

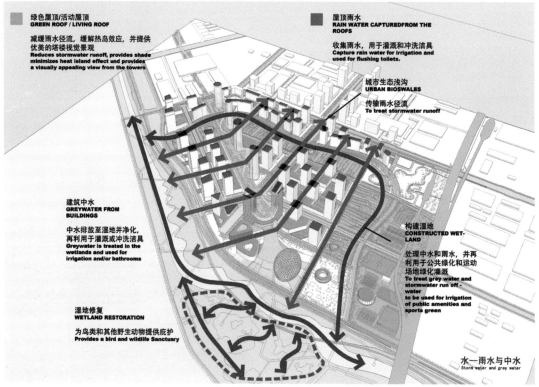

绿色屋顶/活动屋顶
GREEN ROOF / LIVING ROOF

减缓雨水径流，缓解热岛效应，并提供优美的塔楼视觉景观
Reduces stormwater runoff, provides shade minimizes heat island effect and provides a visually appealing view from the towers

屋顶雨水
RAIN WATER CAPTUREDFROM THE ROOFS

收集雨水，用于灌溉和冲洗洁具
Capture rain water for irrigation and used for flushing toilets.

城市生态浅沟
URBAN BIOSWALES

传输雨水径流
To treat stormwater runoff

建筑中水
GREYWATER FROM BUILDINGS

中水排放至湿地并净化，再利用于灌溉或冲洗洁具
Greywater is treated in the wetlands and used for irrigation and/or bathrooms

构建湿地
CONSTRUCTED WET-LAND

处理中水和雨水，并再利用于公共绿化和运动场地绿化灌溉
To treat grey water and stormwater run off - water to be used for irrigation of public amenities and sports green

湿地修复
WETLAND RESTORATION

为鸟类和其他野生动物提供庇护
Provides a bird and wildlife Sanctuary

水—雨水与中水
Storm water and grey water

建筑和景观可持续发展系统

下图显示了可持续发展的循环系统在场地的重要性。每一个因素都可置入一个更大的循环中。

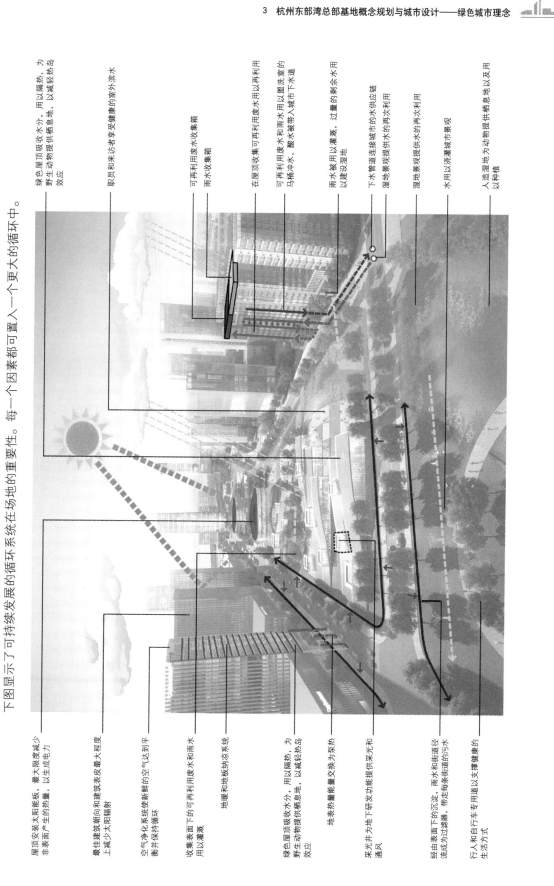

绿色屋顶吸收水分，用以隔热，为野生动物提供栖息地，以减轻热岛效应

职员和来访者享受健康的室外活水

可再利用废水收集箱 雨水收集箱

在屋顶收集可再利用废水和雨水以盥洗室的马桶冲水，酸水被收带入城市下水道

雨水被用以灌溉，过量的剩余水用以建设湿地

下水管道连接城市的水供应链

湿地景观提供水的再次利用

湿地景观提供水的再次利用

水用以浇灌城市景观

人造湿地为动物提供栖息地以及用以种植

屋顶安装太阳能板，最大限度减少非表面产生的热量，以生成电力

最佳建筑朝向和建筑表皮最大程度上减少太阳辐射

空气净化系统使新鲜的空气达到平衡并保持循环

收集屋顶下的可再利用废水和雨水用以灌溉

地暖和地板纳凉系统

地表热量能量交换为热系统

采光井为地下研发功能提供采光和通风

经由表面下的沉淀，雨水和街道径流成为过滤器，带走每条街道的污水

行人和自行车专用道以支撑健康的生活方式

绿色屋顶吸收水分，用以隔热，为野生动物提供栖息地，以减轻热岛效应

4

老旧建筑按国际被动式低能耗建筑标准节能改造案例分析

田山明

摘要：北方地区老旧建筑节能是建筑节能工作的重点。本文通过对北京市大兴区一栋建造时间超过10年，冬季采暖能耗较高的独栋别墅，按照德国达姆施塔特国际被动式建筑研究所的"被动式超低能耗建筑"标准，进行了节能改造设计，并进行了能耗对比计算。结论是：通过对建筑外墙、屋面保温层的改造，更换了符合被动式建筑要求的外门窗等。使冬季热负荷降低了84%，相当于冬季在北京市《居住建筑节能设计标准》（节能75%）的基础上又降低了36.4%。达到了很好的节能效果。

关键词：老旧建筑节能改造，被动式超低能耗建筑，热负荷计算比较

我国城镇既有居住建筑量大面广。据不完全统计，仅北方采暖地区城镇既有居住建筑就有大约35亿 m^2 需要和值得做节能改造。这些建筑已经建成使用20~30年，能耗高，居住舒适度差，许多建筑在采暖季室内温度不足10℃，同时存在结露霉变、建筑物破损等现象，与我国全面建设小康社会的目标很不相应。

建筑节能是国家节能减排工作的重要组成部分。既有建筑节能改造，特别是严寒和寒冷地区（也称北方采暖地区）既有居住建筑的节能改造，是当前和今后一段时期建筑节能工作的重要内容，对于节约能源、改善室内热环境、减少温室气体排放、促进住房和城乡建设领域发展方式转变与经济社会可持续发展，具有十分重要的意义。

本案例为独栋别墅，位于北京市大兴区庞各庄乡，建造于2004年，冬季采暖及夏季制冷均采用地源热泵系统，由于建造当时节能设计标准很低，因此仅一个采暖季的电耗金额就近5万元，而且，室内温度差异很大。根据业主的要求，我们按照德国达姆施塔特国际被动式建筑研究所的"被动式超低能耗建筑"标准，对该栋别墅进行了节能改造设计，并进行了能耗对比计算。

1 工程概况

本工程位于北京市大兴区庞各庄乡，京开高速西侧。建筑面积378.66m²，地上二层，无地下室。钢筋混凝土框架结构，坡屋顶。外墙为200mm厚陶粒混凝土空心砌块。外门窗为普通塑钢窗，外墙及屋面保温为40mm厚的聚苯板。采暖形式地源热泵。

原建筑图：
图1 原设计首层建筑平面图
图2 原设计二层建筑平面图
图3 原设计南立面图
图4 原设计北立面图

图 5　原设计东立面图
图 6　原设计西立面图
图 7　原设计剖面图

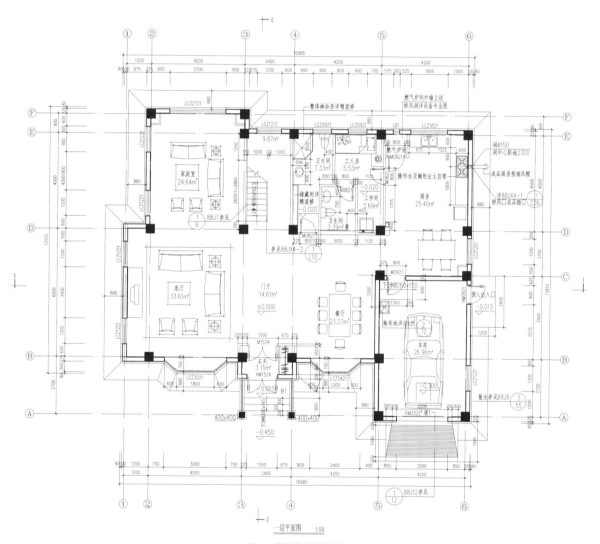

图 1　原设计首层平面图

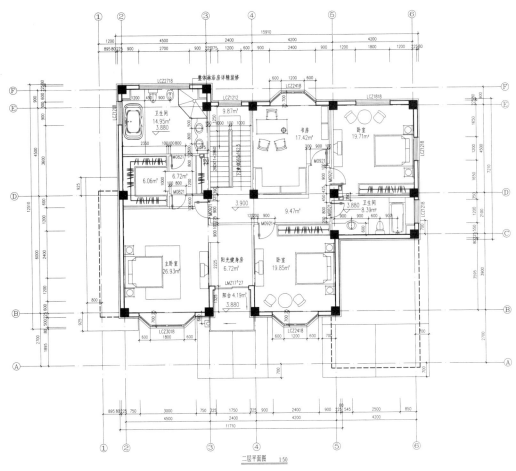

图2　原设计二层平面图

<u>南立面</u>　1:100

图3　原设计南立面图

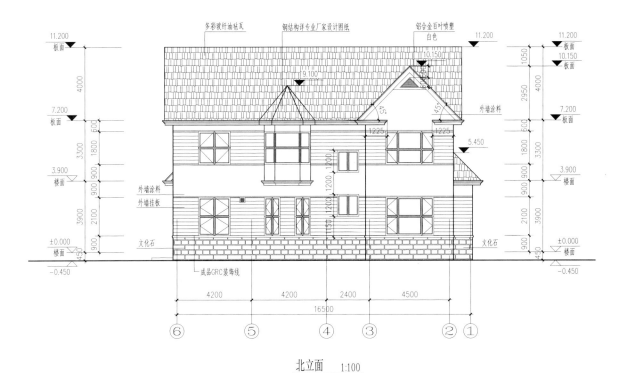

北立面 1:100

图4 原设计北立面图

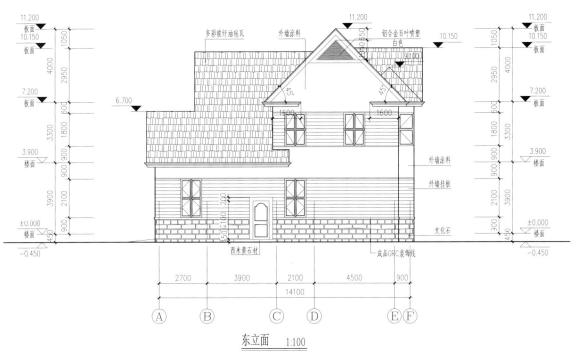

东立面 1:100

图5 原设计东立面图

西立面　1:100

图6　原设计西立面图

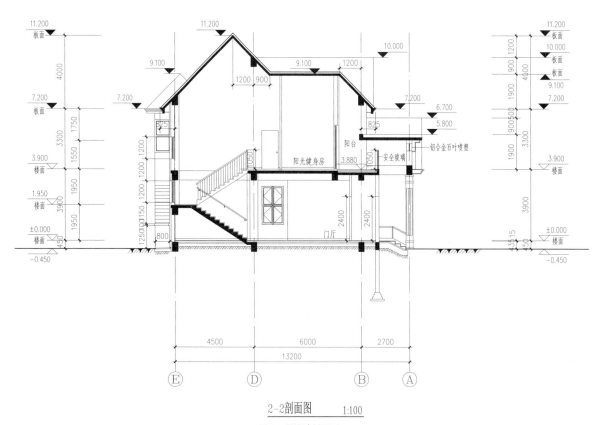

2-2剖面图　1:100

图7　原设计剖面图

实景照片：

图 8　南立面图入口处实景

图 9　南立面图全景

图 10　外窗现状

图 8　南立面图入口处实景

图 9　南立面图全景

图 10　外窗现状

2 被动式超低能耗建筑的概念

2.1 被动式超低能耗建筑概念的核心标准

2.1.1 能耗需求标准是 15kWh/（m²·a），即保持室内温度在 20~26℃的恒温区间内，制冷和取暖需求为每年每平方消耗不多于 15kWh 电。

2.1.2 采暖（制冷）、生活热水和家庭用电的年一次能源消耗 ≤ 120kWh/（m²·a）。

2.1.3 气密性：$n50 ≤ 0.6/h$。

2.2 建筑各部位能耗损失的比例：（图 11）

2.3 建筑外围护结构保温及外门窗传热系数设计要求：

屋面、地面及墙面：$K=0.1W/（m²·K）$

外门窗：$K ≤ 0.8W/（m²·K）$

图 11 建筑各部位能耗损失示意图

3 按被动式超低能耗建筑标准对原建筑进行改造设计

3.1 由于第一次接触到被动式建筑的设计，因此邀请了奥地利的专家进行设计指导。对原建筑进行了考察，对外墙、屋顶及外窗的现状进行了热敏测试。

3.2 按照被动式建筑的性能要求进行计算。

3.3 根据奥地利专家的意见建议，结合原建筑结构的特点，设计外墙保温节点大样、外门窗安装节点大样、坡屋面保温做法及屋面瓦节点大样、基础保温节点大样等。

3.4 基本做法

外墙：300mm 厚石墨聚苯板，导热系数：0.032。

基础及室外地坪以下：200mm 厚挤塑聚苯板，导热系数：0.032。

屋面：400mm 厚岩棉板，导热系数：0.040。

3.5 局部冷桥处理办法

3.5.1 被动式建筑设计的一个重点，就是消除冷桥，避免在没有保温隔热措施的情况下，建筑外部的构件与主体结构连接。例如：外挑阳台、雨篷等。

3.5.2 原建筑的外立面有很多造型，特别是主入口处，有门廊及上部的悬挑构件等。先将二层门廊原有外墙外移，减少屋面楼板的悬挑长度，使屋面保温层能与外墙保温连接。消除屋面悬挑板的冷桥。将门廊顶板与框架梁脱开（剔凿，用钢结构加固），消除楼板形成的冷桥。并增加板下保温。

3.5.3 恢复由业主拆除的主入口的第二道户门，形成一个过渡空间，减少冷热气直接进入室内。

3.5.4 改造前后比较（图 12）。

3.5.5 节能改造平面图及节点图

图 13 改造后首层建筑平面图

图 14 改造后二层建筑平面图

图 15 外墙及屋面保温节点

图 16 外墙及飘窗保温节点

图 17 外墙及地面保温节点

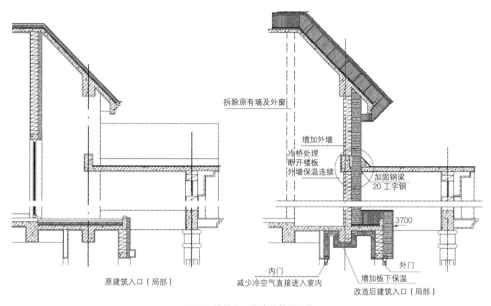

图 12　建筑入口处改造前后比较

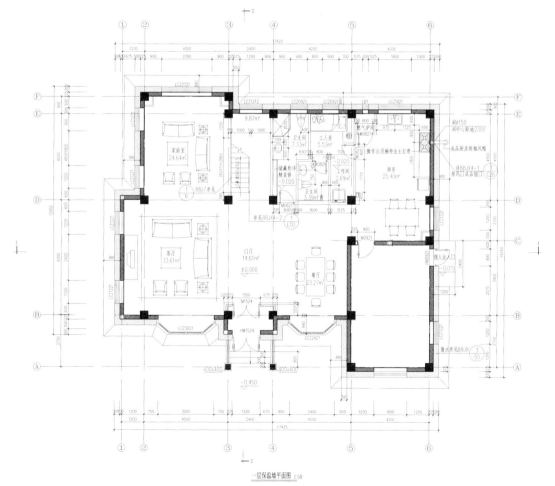

图 13　改造后首层建筑平面图

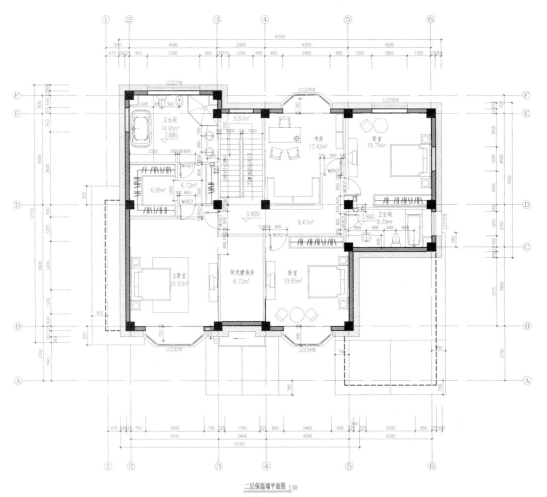

二层保温墙平面图 1:50

图14　改造后二层建筑平面图

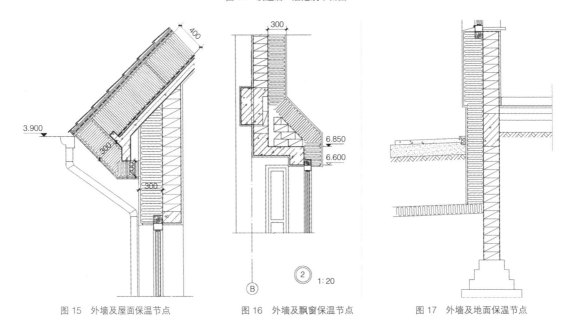

图15　外墙及屋面保温节点　　　　图16　外墙及飘窗保温节点　　　　图17　外墙及地面保温节点

3.6 新风系统设计

3.6.1 被动式建筑的一个特点就是拥有一套低能耗的室内新风系统，这套系统不仅在15kWh/（m²·a）的能耗要求限制下，在极端天气条件下，给建筑提供热量或冷气，还要完成室内热回收、除湿、保障室内空气中 PM2.5 及二氧化碳含量达到欧洲标准。

3.6.2 本工程新风系统设计概念

及时排出建筑内部所有的污浊空气，包括装修材料产生的甲醛和苯、厨房气味、细菌、各种粉尘等，同时补充进来足够的新鲜空气。采用热回收新风机，基本不增加空调和散热器的能耗，自身运行经济，耗电低。

一层采用进口新风机 CA550（最大风量 450m³/h）加 PM2.5 过滤器，保证卧室、客厅等主要活动区域的新风量，并且送入室内的新风 PM2.5 浓度比室外空气的下降 90%。

二层采用国产新风机 CADT830（进口 ebm 电机，最大风量 300m³/h）加 PM2.5 过滤器，保证卧室、客厅等主要活动区域的新风量，送入室内的新风 PM2.5 浓度比室外空气的下降 90%（表 1）。

			本工程新风系统		表1
新风机	送风口位置	送风口数量	设计送风量
一层 CA550-CCE 安装在洗衣房	客厅	1	80m³/h
	家庭室	1	60m³/h
	餐厅室	1	60m³/h
	改造室	1	60m³/h
	厨房	1	60m³/h
二层 CADT830 安装在东侧的公共卫生间	主卧室	1	60m³/h
	阳光健身房	1	30m³/h
	卧室	1	60m³/h
	卧室	1	60m³/h
	书房	1	50m³/h

3.6.3 采用地源热泵三功能一体机，供夏季制冷、冬季采暖以及全年的生活热水。基于 ISO 13256-2 标准的测试工况的热泵整机最大功率时的 COP 值约为 4.1。整机全年运行的平均 COP 值大约为 5。

4 节能效果分析

4.1 既有建筑节能率计算说明

本建筑的能耗采用 DEST 软件进行计算，建筑的外围护结构的参数如表 2 所示，参照建筑按照北京市《居住建筑节能设计标准》DB11/891-2012 的参数设置。

北京市《居住建筑节能设计标准》DB11/891-2012 为节能 75% 的标准。通过比较设计建筑、参照建筑的冷热负荷，得到别墅的节能率，判断是否能满足北京节能率 75% 的要求，若满足，模拟其建筑的实际节能率。

4.2 对比建筑的传热系数（见表2）

建筑外围护结构的参数 表2

围护结构部位	实际设计建筑		北京市参照建筑
	窗墙比	传热系数 W/（m²×K）	传热系数 W/（m²×K）
屋面	—	0.1	0.3
外墙	—	0.1	0.35
外窗（东向）	<0.25	0.8	1.8
外窗（西向）	>0.25	0.8	1.5
外窗（南向）	<0.4	0.8	1.8
外窗（北向）	>0.2	0.8	1.5

4.3 负荷统计结果

4.3.1 参照建筑逐时负荷计算（图18）

4.3.2 设计建筑逐时负荷计算（图19）

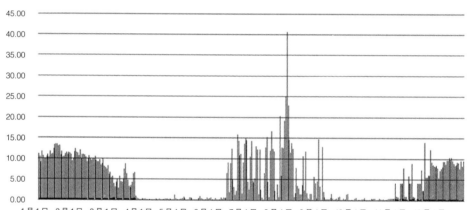

图18 参照建筑逐时负荷计算

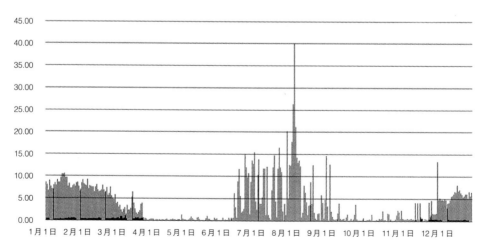

图19 设计建筑逐时负荷计算

4.3.3 从逐时负荷统计图可以看出

夏季冷负荷差别较小。夏季尖峰负荷较大，这是由于间歇空调的开机负荷所致。

冬季热负荷差别较大，参照建筑热负荷要明显高于设计建筑。

4.4 DEST 建筑模型（图 20）

4.5 节能计算结果

4.5.1 参照建筑负荷统计（表 3）

4.5.2 设计建筑负荷统计（表 4）

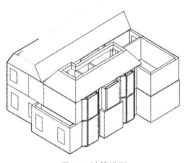

图 20 计算模型

参照建筑负荷统计 表3

项目统计	单位	统计值
总建筑空调面积	m²	375.66
项目负荷统计		
全年最大热负荷	kW	13.99
全年最大冷负荷	kW	40.68
全年累计热负荷	kW·h	17247.80
全年累计冷负荷	kW·h	4412.51
项目负荷面积指标		
全年最大热负荷指标	W/m²	37.25
全年最大冷负荷指标	W/m²	108.29
全年累计热负荷指标	kW·h/m²	45.91
全年累计冷负荷指标	kW·h/m²	11.75
项目分季节能负荷指标		
采暖季热负荷指标	W/m²	15.05
空调季冷负荷指标	W/m²	4.57

设计建筑负荷统计 表4

项目统计	单位	统计值
总建筑空调面积	m²	375.66
项目负荷统计		
全年最大热负荷	kW	13.38
全年最大冷负荷	kW	39.99
全年累计热负荷	kW·h	10950.80
全年累计冷负荷	kW·h	4434.12
项目负荷面积指标		
全年最大热负荷指标	W/m²	35.62
全年最大冷负荷指标	W/m²	106.44
全年累计热负荷指标	kW·h/m²	29.15
全年累计冷负荷指标	kW·h/m²	11.80
项目分季节能负荷指标		
采暖季热负荷指标	W/m²	9.71
空调季冷负荷指标	W/m²	4.57

从表 3、表 4 统计可知，标准的参考建筑的全年累计逐时负荷为 21660.31kW，设计建筑的全年累计逐时负荷为 15384.92kW。

设计建筑累计能耗为参照建筑的 71%，全年能耗大幅度降低。

4.5.3 冷、热总负荷对比（图 21）

4.5.4 全年总负荷对比（图 22）

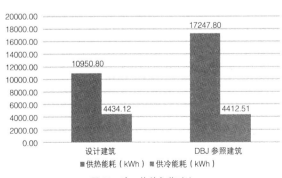

图 21 冷、热总负荷对比

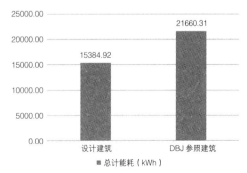

图 22 全年总负荷对比

4.5.5　结论

既有建筑经过节能改造后，冬季热负荷有明显降低。冬季累计热负荷降低了36.4%，相当于冬季在北京市《居住建筑节能设计标准》（节能75%）的标准的基础上又降低了36.4%，相当于节能84%的标准。冷负荷差别较小。由于节能改造采用了新技术和新材料，使外窗、屋面及外墙的传热系数明显优于参照建筑。

5　结束语

对该老旧建筑按照德国达姆施塔特国际被动式建筑研究所的"被动式超低能耗建筑"标准进行了节能改造设计。通过采用DEST软件进行能耗计算，参照北京市《居住建筑节能设计标准》DB11/891-2012节能75%的标准，我们得到了一个非常满意的结果。在这个过程中，我们学习到了国外先进的建筑节能理论，学习到了国外建筑节能的设计经验，学习到了符合被动式建筑要求的节点做法和构造措施。为在中国，特别是对北方寒冷地区大量的老旧建筑进行节能改造积累了非常重要的经验。

5

被动式超低能耗建筑气密性要求及检测

田山明

摘要：气密性对于被动式低能耗建筑是至关重要的。德国达姆施塔特国际被动式建筑研究所制定的《被动式低能耗建筑标准》中，建筑物气密性必须达到 0.6 次/h（50Pa）。建筑气密性质量的检测是根据 EN13829 条款的规定进行的。通常建筑物中影响气密性的部位有：建筑物围护结构、各种管线穿墙、各种暗装电气线盒、楼板中预留洞口的封堵处等。气密性检测方法是：DG-700（建筑围护结构）气密性检测系统。

关键词：被动式超低能耗建筑，气密性，检测，施工要点

1 被动式建筑为什么要进行气密性检测

1.1 气密性对于被动式低能耗建筑是至关重要的。德国达姆施塔特国际被动式建筑研究所制定的《被动式低能耗建筑标准》中，建筑物气密性必须达到 0.6 次/h（50Pa）。所以，气密性测试可以告诉我们，房子在特定时间内泄漏了多少空气。在寒冷或炎热的地方，室内开着暖气或空调。泄漏了的空气量等于浪费了当量暖气或空调。气密性不好的房子等同于浪费能源的房子（图 1 影响建筑物整体气密性的部位）。

1.2 通过建筑围护结构的缝隙损失的热量，会增加新风系统的耗电量。这些缝隙包括：砌块墙体之间的缝隙、墙内或楼板中预埋的各种线盒、门窗与墙体的连接部位等。这些缝隙首先是造成了建筑内部空气向室外流出，也造成了建筑内部各个独立空间之间的空气泄漏。在被动式建筑的新

1. 建筑地面或地下室顶板与外围护结构连接部位。
2. 外围护结构转角部位。
3. 楼层或屋面与外围护结构连接部位。
4. 悬挑结构或建筑外装饰构件与外围护结构连接部位。
5. 外窗安装节点。
6. 外门安装节点。
7. 突出屋面构筑物（女儿墙、出屋面管井、雨落斗等）

图 1　影响建筑物整体气密性的部位

风系统设计中，建筑内部各个独立空间的温度、湿度及热回收都是单独控制的。所以，保证建筑物整体的气密性和建筑内部独立空间的气密性都是至关重要的，是直接关系到整个建筑物能耗的主要因素。

1.3 气密性检测分样板间检测（过程检测）和整栋建筑检测（最终检测）。

1.3.1 样板间检测：

1.3.1.1 选择样板间的原则：

a. 外窗或门联窗已安装完成（最好选择2樘以上），外墙尚未抹灰（图2：样板间外立面）。

b. 如果有室内管道竖井，一定要包含其中。

c. 内墙及楼板的线管线盒已安装完毕（图3：预埋线盒线管）。

d. 内墙抹灰完成。

1.3.1.2 样板间达到气密性检测的质量要求：

a. 外窗按设计要求安装，内外密封胶带粘贴完好，外观无开胶，无缝隙。（图4：窗外侧密封条粘贴 图5：窗内侧密封条粘贴）。

b. 所有内墙预留预埋线槽或洞口均完成封堵（图6：墙洞封堵）。

c. 内墙墙面抹灰完成，所有结构构件与砌块之间缝隙密封完成（图7:结构构件与砌块缝隙封堵）。

1.3.2 整栋建筑检测

1.3.2.1 达到整栋建筑检测的条件：

a. 所有外门窗已安装完成，特别是入口处的大门（图8：屋顶机房外门）。

b. 首层建筑地面已按图纸要求施工完毕（防水层、保温层、隔汽层等）。所有出户预埋管线均封堵（图9：地面防水隔气层）。

图2 样板间外立面

图3 预埋线盒线管

图4 窗外侧密封条粘贴

图5 窗内侧密封条粘贴

c. 外墙抹灰完成，尚未进行外墙保温施工。

d. 屋面已按图纸要求施工完毕（隔汽层、保温层、防水层）。

e. 出屋面管道井中，风管、水管、线管均安装完成。在屋面板标高处用混凝土封堵管井。

1.3.2.2　整栋建筑达到气密性检测的质量要求：

a. 外门窗的密封性，窗框与墙体之间的密封（密封胶带的粘贴质量），窗扇与窗框之间的密封（窗扇的安装质量）图 10：窗安装质量检查。

b. 地面隔气层、地面混凝土垫层、防水层之间的密封。

c. 外墙转角、楼梯间、结构构件与围护结构连接处等的密封（图 11：墙缝封堵）。

图 6　墙洞封堵

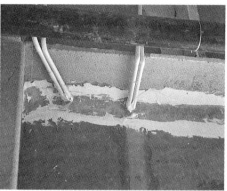

图 7　结构构件与砌块缝隙封堵

图 8　屋顶机房外门

图 9　地面防水隔气层

图 10　窗安装质量检查

图 11　墙缝封堵

图12　屋面管道封堵

图13　单元之间施工洞封堵

d. 屋面雨水口、各类管线口封堵（图12：屋面管道封堵）。

1.3.3　高层建筑或多单元建筑的气密性检测

由于气密性检测使用的鼓风机功率问题，当检测高层或多单元建筑气密性的时候，可分单元或分层进行检测。分单元检测时必须将单元之间的施工洞封堵。分层检测时必须在楼梯间处进行封堵（图13：单元之间施工洞封堵）。

2　气密性测试技术基本原理

2.1　气密性测试主要是在特定的压力值下，通过比较被检测建筑物（或房间）室内外的空气压力来计算出建筑物（或房间）的气密性。测试时通过计算机控制对室内进行增压或减压，造成室内外的空气压差，产生空气流动，然后利用流量计得到流量数据，依靠相关软件，计算出存在于室内的各种缝隙孔洞流出或流入的空气量。或者利用加压设备对室内进行加压，然后测试出加压至设定压力值的时间内，根据公式计算出泄漏面积，从而评估出建筑物（或房间）的气密性。

2.2　DG-700是建筑物（建筑围护结构）气密性测试系统，主要用于建筑物（建筑围护结构）整体气密性以及外门窗或任意局部面积的空气渗漏检测，主要包括鼓风门系统、DG-700数字式压力表、风扇控制器、计算软件及其他相关配件。

2.3　工作原理：通过鼓风机对房屋进行加压或减压使房间内外有一个压力差。这个压力差可以使空气在房屋的围护结构之间流动，通过测量鼓风机对室内压力的该变量，系统可以测量整个房屋围护结构的气密性。

2.4　检测参数：空气渗透量（m³/h）、房屋自然渗透率（换气次数1/h）、房屋渗透面积（cm²）。

3　气密性检测操作过程

3.1　确定鼓风门安装位置。整栋建筑检测时，尽量将鼓风门设置在一层（图14：鼓风门安装）。

3.2　按要求安装鼓风门门框。

3.2.1　在地面上调整鼓风门框大小，大约与预留的测试洞口尺寸相近（图15：调整鼓风门）。

3.2.2 在鼓风门外侧专业气口处连接白色塑料通气管，将通气管放置在室外10m以外的位置并且尽量安置在无人踩踏的半空或者墙面，以免测试中途受此影响而导致测试中途停止（图16：室外通气管）。

3.2.3 用温度仪测试室外温度，并记录（图17：室外温度测量）。

3.2.4 安装鼓风门，使鼓风门门框与测试洞口边可靠固定。检查鼓风门四周是否有明显空隙，如果由于测试洞口不规则，无法做到密闭无缝，可用密封胶带进行封堵（图18：门边密封胶带）。

3.3 安装鼓风机，并且将红、蓝、绿色塑料管与风机连接。并且将风机把手与风机门附框固定牢固，风机与门套连接密实尽量无缝隙，调整好合适的风口尺寸（图19：鼓风门与检测仪器）。

图14 鼓风门安装

图15 调整鼓风门

图16 室外通气管

图17 室外温度测量

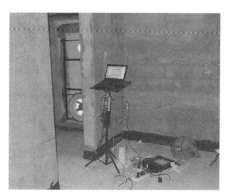

图18 门边密封胶带

图19 鼓风门与检测仪器

3.4 连接测试仪器、风机与计算机。

3.5 进行负压测试：

3.5.1 打开测试软件，输入需要的测试空间的详细信息。

3.5.2 检查测试空间内透气情况，有无很严重的漏洞，并且进行补救，将补救信息依次输入软件进行记录，以便今后查证。

3.5.3 在确认测试仪器与计算机连接成功后，采用 Cruise 进行点测，按照操作提示进行负压检测，如果可以满足被动房 Darmstadt 标准 0.6/1/h，再准备进行正式的测试（START TEST），再次开启 Cruise 进行风量抽取，并且风速测试仪测量系部（孔隙、空隙、门窗缝隙、洞口等）。

3.5.4 进行正式的测试 START TEST，用温度测试仪测量室外温度并输入室内外温度，选择合适的风口尺寸（PS：D 口很特殊，需要重新连接在风机与红色通气管的连接位置）。

3.5.5 测试结束并保存测试数据。

3.6 改变风机内外方向，进行正压测试。

3.6.1 在确认测试仪器与计算机连接成功后，采用 Cruise 进行点测，按照操作提示进行负压检测，如果可以满足被动房 Darmstadt 标准 0.6/1/h，再准备进行正式的测试（START TEST），再次开启 Cruise 进行风量抽取，并且风速测试仪测量系部（孔隙、空隙、门窗缝隙、洞口等）。

3.6.2 进行正式的测试 START TEST，用温度测试仪测量室外温度并输入室内外温度，选择合适的风口尺寸（PS：D 口很特殊，需要重新连接在风机与红色通气管的连接位置）。

3.6.3 测试结束并保存测试数据。

4 建筑物气密性检测实例

4.1 工程概况：该工程位于河北省涿州市松林店工业园，建筑面积 5500m²，建筑功能是办公和公寓。该项目按照德国被动式建筑标准设计的。主体结构完工后，分别进行了样板间气密性检测和整体建筑气密性检测（由于为两个单体建筑，整体测试分两次完成）。

4.2 样板间气密性检测：

面积为 71m²，层高为 3.47m，建筑体积为 246m²；外窗为双中空 Low-ePVC 塑料窗。

4.2.1 检测依据：

1. GB 50411—2007《建筑节能工程施工质量验收规范》

2. JGJ-T77-2009《公共建筑节能检测标准》

3. GB50176-93《民用建筑热工设计规范》

4. DIN_EN_13829_2001_02《建筑物透气性检测方法》

4.2.2 检测结果

4.2.2.1 建筑围护结构气密性检测结果。（图 20：样板间检测结果；图 21：正压下渗透量（试验一）；图 22：负压下渗透量（试验二）；图 23：负压下渗透量（试验三））

4.2.2.2 结论

N_{50}=0.60/0.50/0.59 次，N_4=0.137/0.149/0.081 次，达到中华人民共和国国家标准规定值

4.3 整栋建筑气密性检测：

4.3.1 办公楼：建筑面积 3684m²，整栋建筑体积：14259m³。建筑表面积：4474m²。

4.3.1.1 测试依据：EN13829。

4.3.1.2 测试结果：图 24：办公楼气密性检测报告；图 25：渗透量曲线图

办公楼测试										
名称	建筑特征							渗透量		
	楼层	围护结构	窗户形式	总窗户面积（m²）	建筑面积（m²）	层高（m）	建筑体积（m³）	测试次数	50Pa下换气次数（次/h）	4Pa下换气次数（次/h）	室内外压差（Pa）
办公楼	3层	框架	双中空Low-e内平开PVC塑料窗	13.09	71.49	3.47	248.07	第一次（室内正压）	0.60	0.137	（0.10）
								第二次（室内负压）	0.50	0.149	（0.10）
								第三次（室内负压）	0.59	0.081	（0.10）

图20 样板间检测结果

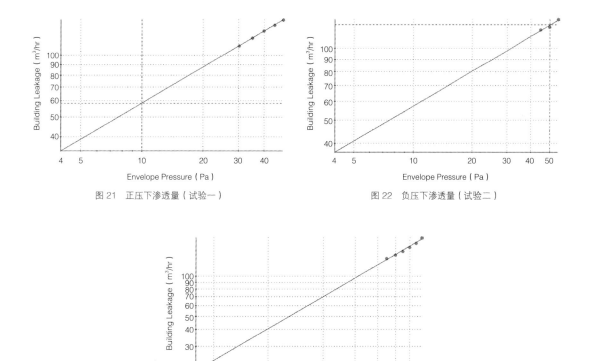

图21 正压下渗透量（试验一）

图22 负压下渗透量（试验二）

图23 负压下渗透量（试验三）

4.3.2 公寓：建筑面积1816m²，整栋建筑体积：6505m³。建筑表面积：1384m²。

4.3.2.1 测试依据：EN13829。

4.3.2.2 测试结果：图26：公寓气密性检测报告；图27：渗透量曲线图

Certificate

about the quality of the building cover

The building / object:

Office Building

Guanyundong Lu
072750 Zhuozhou, Hebei, China

has passed the air thightness test in accordance to DIN EN 13829, method A on 2014-11-4 with the following rate of change of air:

n_{50} = 0,1 h^{-1} +/- 12 %

The limit value for the rate of air change for passive houses ist:

n_{50} ≤ 0,6 h^{-1}

The test corresponds with this requirement.

The result is 79% below the requirement.

Date 2014-11-04

by FLiB-member-No.: *400*
Certificate-No: *014/2002*
Name: *Ing.-büro Meyer-Olbersleben*
Address: *An der Schule 41*
21335 Lüneburg, Germany

ZERTIFIZIERTER PRÜFER
der Gebäude-Luftdichtheit im Sinne der Energieeinsparverordnung
15.04.2002 Nr. 014/2002

Lüneburg
City

Dipl.-Ing. Michael Meyer-Olbersleben

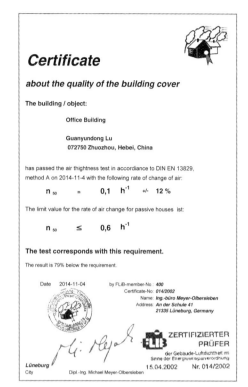

图 24 办公楼气密性检测报告

图 25 渗透量曲线图

Certificate

about the quality of the building cover

The building / object:

Residential Building

Guanyundong Lu
072750 Zhuozhou, Hebei, China

has passed the air thightness test in accordance to DIN EN 13829, method A on 2014-10-28 with the following rate of change of air:

n_{50} = 0,2 h^{-1} +/- 12 %

The limit value for the rate of air change for passive houses ist:

n_{50} ≤ 0,6 h^{-1}

The test corresponds with this requirement.

The result is 68% below the requirement.

Date 2014-10-28

by FLiB-member-No.: *400*
Certificate-No: *014/2002*
Name: *Ing.-büro Meyer-Olbersleben*
Address: *An der Schule 41*
21335 Lüneburg, Germany

ZERTIFIZIERTER PRÜFER
der Gebäude-Luftdichtheit im Sinne der Energieeinsparverordnung
15.04.2002 Nr. 014/2002

Lüneburg
City

Dipl.-Ing. Michael Meyer-Olbersleben

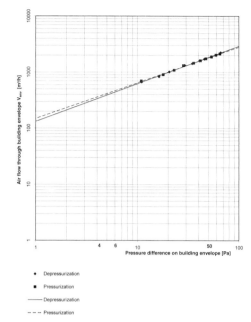

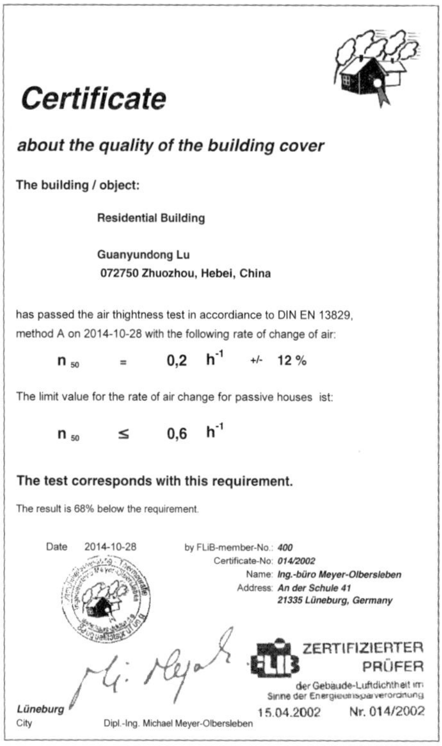

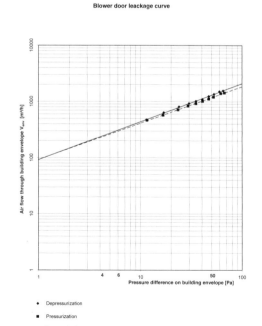

图 26 公寓气密性检测报告

图 27 渗透量曲线图

5 结束语

对于被动式超低能耗建筑，保障建筑外壳及室内空间的气密性，是至关重要的。不仅在设计阶段要在所有可能漏气的地方，都有可靠的气密构造措施。而且在施工阶段要有严格管理和操作。要做到施工前有详细的设计交底，施工中有严格的监理过程。施工后有全面的检查验收。最后，还要请有气密性检测经验的公司和技术人员，进行气密性检测。最终为建成被动式超低能耗建筑，打下良好的基础。

6

欧洲被动式绿色建筑简介与体会

吴　明

摘要：考察学习欧洲被动式建筑，对发达国家先进的设计及施工技术进行了深入的了解。与我国的绿色建筑节能性进行对比，吸取先进理念和设计思想，为今后的绿色建筑设计提供参考。

关键词：被动式，绿色建筑，节能，外窗，断桥，热回收

引言

随着奥地利及德国被动式建筑考察的深入，对被动式建筑由浅入深进行了实地考察学习，感受到欧洲发达国家工程师和研究人员孜孜不倦的研究精神，对建筑节能、环保及舒适性的追求精神有着深切的体会。他们在建筑的有效能源利用上正在作着巨大的贡献，由此也能看到我国工程师在建筑节能方面的巨大潜力和责任。

被动式建筑在欧洲的大部分地区都已经有一定数量的实例，已经成为欧洲未来绿色节能建筑项目的风向标。欧洲各国政府也给予大力的支持和良好的政策。在能源紧缺的今天，绿色、节能大幅度降低能耗建筑的发展将对未来有着深远的影响。

1　被动式建筑简介

1.1　定义

在欧洲对不同能耗的建筑进行了具体的分类和定义。基本分为普通建筑（typical central European buildings）、低能耗建筑（low-energy buildings）、被动式建筑（passive house）。

普通建筑主要是未实施任何节能措施的建筑，大部分为老建筑，建筑的平均能耗约为 120kWh/a。低能耗建筑在普通建筑的基础上实施了节能改造措施，平均能耗约为 42kWh/a。而被动式建筑是在低能耗建筑的基础上进行了更进一步的节能，达到更低的能耗、高舒适度、高生态的自我实现。被动式建筑的平均能耗约为 15kWh/a。

1.2　主要特点

1.2.1　杰出的节能性

被动式建筑的最核心要求是建筑节能率需要达到普通建筑的 90% 以上。在新建项目中节能率超过 75%。由此可以看出被动式建筑对能耗方面的要求是相当苛刻的。

1.2.2　低传热的外墙

目前居住式建筑中室内主要能耗源于外围护结构。而被动式建筑针对这方面做了很多细致的工作来降低建筑能耗损失。建筑中采取较低传热系数的外墙及屋顶，采用三层 Low-E 中空玻璃作

为主要外围护结构形式。图1为现场施工图中对外墙进行约200mm厚的保温，甚至地下室部分的外墙也在处理范围以内。由此极大地提高了建筑的外墙保温能力，为降低建筑能耗提供了良好的基础。图2为居住建筑外墙施工过程中的现场图片。为了降低屋顶及外墙的传热能力，设计中采用了多层的保温技术，外墙由保温材料、墙体、室内填充保温材料层组成。外墙厚度达到300~350mm，使得外墙传热系数达到0.1W/（$m^2 \cdot K$）。由于考察地区气候条件介于寒冷地区及夏热冬冷地区之间，这样相对于国内的节能建筑来讲，国内的围护结构传热系数是欧洲被动式建筑的4~6倍以上。由此可以明显地看出被动式建筑拥有着无可比拟的优势。

图3体现了欧洲科研人员及工程师在设计上的细致之处，此图为地下室外墙室内部分的保温。设计中整个地下室顶板均进行了保温，甚至地下室外围护墙体在顶板以下也考虑了约1m高度的保温，最大限度地减少冷桥。从这一点也看出了欧洲国家对建筑节能的重视程度和决心，值得国内设计人员及开发商学习。

图1 被动式建筑外墙施工　　　图2 被动式建筑外墙施工断面　　　图3 地下室外墙室内保温

1.2.3 高品质的外窗

外窗也是欧洲工程师设计的重点之一。为最大限度地减少外窗传热，降低外窗的平均传热能力，不同构造的窗体会相应地送至专门检验部门进行测评，确保外窗的良好隔热性能。由于德国的工艺特点以及对被动式建筑传热热阻的高标准要求，对外窗的设计及制造相当精密。如图3所示，被动式建筑的外窗均采用三层中空Low-E玻璃，其厚度可达到100mm以上，为进一步降低窗框的传热，在窗框构造上进行了各种测试和研究。在奥运村的实地考察中，该项目中的外窗传热系数仅约为0.8W/（$m^2 \cdot K$）。这与国内的设计节能标准比较差距是相当巨大的。由此也看出国内在此方面的节能仍有很长远的路要走。

1.2.4 细致的断桥技术

对阳台、外窗等部位的断桥进行的设计研究，是为了确保尽可能降低冷热桥对建筑的影响。如图3、图4所示，工程师和研究人员在尽最大的努力减少可能出现的热桥现象。除此之外，在达姆斯塔特市的一处被动式住宅项目中为彻底解决阳台的热桥现象，工程师将阳台与主体全部断开，阳台采用独立的支撑形式，如图5所示。

1.2.5 广泛使用的热回收技术

被动式建筑除了节能以外对舒适性也提出了更高的要求。首先要求持续地供应新风，保持室内的卫生要求。这一点与国内的实际要求是吻合的。新风的热回收技术得到了广泛的应用，保证排出空气的冷热量得以回收利用。高效的热回收效率也是保证节能的必要因素之一。在参观的一处住宅的热回收机组中，由于良好的设备制造技术其整个住宅的热回收效率可达到90%以上，使室内热回收机组的耗电量及噪声极低，带来的好处是室内健康舒适，运行安静。另外，整洁的设备用房、高品质的设备以及高质量的安装也为建筑的节能奠定了坚实的基础（图6）。

图4　某建筑中使用的窗框结构断面　　　　　　　图5　阳台及主体建筑分离实景图

图6　全热回收机组设备实景图及风管安装图

1.2.6　其他

此外，除了以上技术，在被动式建筑中利用地源热泵等形式对自然冷热源进行供冷和供热，利用太阳能技术等天然能源均有广泛的应用。对于区域供热来讲，整个城市也是倾向于采用垃圾焚烧废热来进行冬季供暖。诸多方面的能源利用在奥地利及德国等城市有着大量的应用。

在设计中为达到被动式建筑，对建筑的各个方面进行全方位的改善，如尽可能降低窗墙比例、断桥技术的实施、高标准的外墙及管道保温、低传热的外墙窗体、高质量的设备安装及管材、设备（图7）。

图7　全方位改善的建筑

2　结论

在此次一周考察的行程中，体会到欧洲工程师和建造商专研问题的精神和对技术孜孜不倦的探索，推动着被动式建筑在欧洲的广泛应用。据介绍现在政府也积极参与到被动式建筑的工作中，未来的十到十五年将考虑大面积推广被动式建筑，对已有普通建筑进行改造，大幅度降低能源消耗水平。

国内耗费了大量的能源，关键在于如何控制能耗，经过考察之后体会到可以参考欧洲的技术形式，在建筑的密闭、低传热方面给予更多的重视，从根本上可以有效控制建筑能耗，从建筑的长远使用来看可以根本上控制能源消耗。

应有更多的科研人员、业主及工程师关注建筑品质的要求，高性能的设备才是保证节能的手段。

热回收技术在欧洲的应用还是相对比较广泛的，尤其是在住宅中，这与国内有些差异。在国内的住宅各户相对独立，所以很少使用集中的送排风系统，对于别墅等建筑来说也很少采用。在奥地利和德国为保证达到被动式建筑要求，建筑在密闭性方面做得非常卓越，故需要进行有效的通风换气，满足人体舒适度的要求，故在工程中大量使用全热交换设备进行通风换气，并且高效率的设备也使得设备能耗非常低。

虽然欧洲在节能绿色建筑方面的发展非常领先，但国内与欧洲在需求和实际条件上仍然有着较大的差异，不能单一进行对比。但对于建筑本身的要求与节能意识来讲，还是有着较大的差距。

从国内快速发展的建筑行业层面来讲，如果不能不断进步、提高建筑自身品质，则将意味着从建筑落成时起已变成了巨大能源消耗的建筑，其将不停地消耗地球上的有效能源。

国内绿色建筑标准也已经实行了很多年，从长远意义来讲也推动着建筑不断地节能。但要想成为真正的绿色建筑仍需要开发商、设计者及政府相关部门从实质上、具体问题上进行更为细致的工作，而不仅仅局限于规范中规定的标准条文本身。

7

2013 欧洲绿色低碳之旅

高海军　李　鹤

摘要：介绍了建学建筑与工程设计所有限公司作为国内设计行业的代表参加德国法兰克福"第17届国际被动式房屋会议"的主要情况和相关的考察行程。通过此次参观学习，了解了"被动式房屋"技术在欧洲的发展情况，展望了此项技术在国内推广和应用的前景，反思了国内"绿色建筑"实施战略的不足。

关键词：被动式房屋，绿色建筑，建学建筑与工程设计所有限公司

2013年4月19至20日，在德国法兰克福召开了"第17届国际被动式房屋会议"。建学建筑与工程设计所有限公司作为国内唯一的设计行业代表，参加了此次大会。通过参加会议，我们深切地感受到作为"被动式房屋"概念的先行者，德国和相关欧洲国家在此方面先进的技术储备、强大的研发团队、政府的大力支持和成熟的设计市场，同时作为国内设计行业的代表，也深感到自己肩头的责任（图1、图2）。

会后我们首先参观了德国海德堡一个在建的"被动式"学生宿舍、住宅和办公楼的现场。通过听取项目现场物业及管理人员的介绍，对"被动式房屋"日常的运营状况、施工节点、设备安装现场都有了更加深入的认识。"被动式房屋"在技术层面上，就是我国大力推广的"绿色建筑"分支技术的延伸和深化，在欧洲主要应用在寒冷或严寒地区。通过对建筑本体的"穿衣戴帽"，即强化的外遮阳、外围护结构的保温、超级节能窗、建筑结构无热桥和新风热交换换气系统等方面，达到冬季房屋内无须采暖或仅需极少部分的辅助采暖的目的，从而节约了能源消耗。该项目的住宅销售也非常顺利，反映了当地居民对"被动式"住宅理念与经济的认可（图3、图4）。

图1　我司参会人员与大会工作人员合影

图2　大会现场的各国参会者

图3　海德堡住宅施工现场　　　　　　　　图4　海德堡办公楼项目 SkyLabs

　　其后来到了奥地利小镇格蒙登，参观了"被动式"学校项目。整个参观过程由本校校长全程陪同和释疑，这位谦逊的女士由于参与了整个学校设计和建造的全过程，对我们关心的各个细节都如数家珍，包括满足"被动式房屋"要求的外墙特殊的木结构做法、建筑的自然采光、自然通风措施等方面（图5~图7）。

　　在"奥地利欧中环境协会"的安排下，我们来到"欧洲被动式房屋协会"专家 Lang 先生家做客。Lang 先生自己的住宅建于 1998 年，是 Lang 先生本人亲自设计全程参与建造的欧洲最早的"被动式房屋"项目之一，通过外墙保温、节能窗、新风地道风、屋顶绿化等技术，真正实现了冬季无须采暖都能保证室内达到 18℃的适宜温度（图8~图10）。

　　接下来已建和在建的两个养老院项目是我们此次参观中着重关注的对象，国内近年来兴起的养老地产项目较多，能让老人在这样四季如春的环境中生活应该是建设者、设计者和使用者共同的愿望。通过"被动式房屋"的设计，在保证优良的使用条件的同时，也极大地降低了养老院的运营成本（图11~图13）。

图5　学校外景　　　　　　　　图6　采光天窗　　　　　　　　图7　木造屋顶的构造

图 8　Lang 先生住宅入口　　　　　　　　图 9　Lang 先生住宅全景　　　　　　　　图 10　太阳能地灯

图 11　养老院的空调机房　　　　　　　图 12　养老院舒适温馨的起居厅　　　　　　图 13　养老院的外观与庭院

　　通过此次参观学习，作为设计行业我们的感想和体会如下：

　　（1）欧洲国家已经在"被动式房屋"设计、建造、材料供应等方面积累了丰富的经验和产品储备。我国幅员辽阔，作为国内此项技术的先行者，我们有责任和义务去推广这项技术，逐步地、因地制宜地在国内实现。建学计划今年与奥地利某建筑物理研究机构合作，在河北涿州一幢 5000m^2 办公楼的案例中引入此项技术，作为技术试点和储备。按照北京市实施的地方节能规范，公建节能率要求达到 50％，即相应的建筑能耗指标为 80kWh/（m^2·年），而按照"被动式房屋"技术设计的建筑能耗指标将达到 15kWh/（m^2·年）。

　　（2）被动式房屋的最终实现是一项系统性的工程。整个实施的各个环节都要严格按照被动式房屋建造实施规范进行，包括良好的设计、优良的材料供应、施工过程的严格把控等方方面面，对国内项目的实施应该是个严峻的考验，需要开发商对项目有较强的把控能力。

　　（3）被动式房屋的推广必须有国家政策、法规及财政的支持才能实现。因为采用被动式房屋的建造肯定会增加开发商的初投资，而节省的是日常运营费用，最终节约了国家的能源消耗和减少了对环境的影响。由此可见，必须有国家的政策导向指导和财政补贴措施才能进一步推广此项技术的实施。欧洲国家也正是在政策导向、行业技术规范和财政补助的多重作用下，"被动式房屋"才得以蓬勃发展。

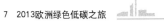

（4）我国目前正在全国范围内大力推广"绿色建筑"的设计，通过我们这些年来完成的"绿色建筑"的设计和此次考察，我们认为在中国这样幅员辽阔及气候多样性的国家，推动这样"大而全"的技术措施是不够的，更应该针对不同的区域及气候特点，推动具有地区特色的"小而优"的设计理念,做到因地制宜、被动优先。德国和奥地利作为"被动式房屋"技术推广实施比较好的国家，与我国东北地区纬度接近，气候状况类似，因此可以尝试在我国东北地区推行类似的"被动式房屋"的节能设计。这样由点及面，更能有效地实现"可持续发展"的国策。

最后，希望"被动式房屋"能早日在国内落地生根，也希望作为设计单位能早日拿出合格的被动式房屋设计项目。

8

BIM 应用工具 Revit 现状分析及应用策略

盛学文

摘要：本文通过对 BIM 应用工具 Revit 的现状分析，指出 BIM 工具的引入对建筑设计过程中在概念及方法上的革命及现有软件的缺失，从而给出了现阶段设计行业引入 BIM 的初期目标设定建议。

关键词：BIM，Revit，建筑设计

1 BIM 的概念与对软件工具的要求

BIM 概念的引入，对建筑业无疑是一次深层次的革命，顾名思义，BIM 是由建筑物相关信息在其整个生命周期内的管理手段与方法所构成的系统体系。

鉴于建筑物生命周期内所涉及的行业众多，对信息的使用与处理要求各异，信息资源的可交换性对于 BIM 系统至关重要。

信息的交换需要一个行业间共通的基础平台，通用关系型数据库由于其强大的信息管理功能和广泛的应用，无疑是基础数据交换平台的首选。

2 Revit 的新概念与新方法

目前，国内建筑设计业跟随着 Autodesk 公司 AutoCAD 广泛使用的惯性，普遍选择了 Autodesk 公司的 Revit 软件作为实施 BIM 的主要工具，作为由传统 CAD 软件工具向 BIM 软件工具过渡的一款集三维建模、二维制图并具备协同机制的软件产品，Revit 软件引入了全新的概念和方法。

2.1 面向对象的概念和方法

在 Revit 软件中取消传统 AutoCAD 中"块"的概念，并引入面向对象的全新概念——"族"。

"族"概念的引入和使用不仅解决了对象使用的便利性和标准化问题，而且为对象的参数化提供了基本的实现机制。

在族中，对象的可视特征是通过预定义参数进行驱动的，与传统的动态块差异不大，只是相对更加便于定义和管理。与此同时，随着族与对象的绑定，各种非可视性参数及特性与对象绑定亦成为可能，使得对象被完整描述成为可能。

2.2 分布式处理与协同工作

Revit 软件提供了分布式存储与处理机能，分布式存储与处理机能的使用为设计者带来诸多方便。

2.2.1 数据安全

宿主计算机中存储的中央数据文件与各工作站的数据文件互为备份，大大降低了因操作失误或

硬件故障造成的数据损失的概率。

2.2.2　工作协同

通过对本地数据与宿主计算机中中央数据文件的同步机制，可确保设计者间工作模型的一致性，大幅度减轻了设计者间工作模型比对的工作强度，提高了设计者间工作的协调性和设计结果的一致性。

2.2.3　任务的明确及过程的追溯

通过用户管理机制，可以明确划分设计组成员的任务分担与权限，并对设计内容的变更进行一定程度上的追溯。

2.2.4　三维可视化表示

Revit 可方便地通过三维视图及动画表现二维图面难以表述的构造做法及施工流程，为设计师表达设计意图提供帮助。

2.3　各类分析软件的应用

现阶段可以方便地与 Revit 进行直接数据交换的软件为数有限，除部分建模软件外，主要为 Autodesk 公司提供的 CAD 系统、风环境分析及日照分析等软件。

3　Revit 的局限与不足

作为一款基于 CAD 制图软件发展而来的 BIM 应用工具，Revit 不可避免地存在着其局限性。

对象驱动模式

虽然 Revit 引入了面向对象的概念，但其基于几何形体的驱动模式距离真正的面向对象软件系统仍有不小的差距。

（1）对象关系

相互关联的不同对象间、同一对象的不同实例间的相互关系同样需作为一种特殊对象进行处理，这在实际应用中有着非比寻常的现实意义，结构中的节点、给水排水、空调系统的各种阀门及分支均包含众多几何形体之外的重要信息，现阶段 Revit 中"合并同类项"式的简单几何归并处理引起大量的信息量丢失，也使得与各种分析软件间的信息交换形成障碍。

（2）对象的抽象化

除对象关系外，实际应用中对象的抽象化亦为使用者关注的焦点，结构的计算简图、设备各专业的系统图等均需对实际对象进行抽象化、简化处理。

现阶段的 Revit 未将对象抽象化要素作为参数进行显式表示。

（3）理想化的系统描述方式

较为理想的处理方式为将对象归类为块体、面体及线体进行抽象化处理后结合对象关系对整个系统进行描述（表 1）。

理想化的系统描述方式　　　　　　　　　　　　　　　　　表1

对象	抽象化要素			对象关系
块体	基准坐标系	方向描述	形体	交面
面体	基准面	方向描述	厚度	交线
线体	基准母线	方向描述	截面	交点

（4）数据交换

现阶段 Revit 仅提供部分数据的 ODBC 格式输出，与非 Autodesk 产品的各类软件间的数据交换仍需使用专门的接口软件，且难以将来自其他软件的信息与特定对象进行绑定。

（5）形体的生成模式

现阶段 Revit 不支持空间曲线，体形、曲面构造方式单一（仅支持拉伸及旋转模式），限制了建筑师对特殊体形的创意需求。

（6）传统图面生成时的细节问题

使用 Revit 建模后，施工图图面制作时尚存在众多不便之处：如缺少图面表示详略的设定、尺寸线摆放位置、引线端点的锁定机能、尺寸线删除时标注对象的选取问题等。

4　Revit 在设计行业中的应用

鉴于 Revit 软件的现状，设计行业中应用的现实目标设定集中在下述几个方面：

（1）专业间协同设计规则的制定与实践；

（2）设计的标准化；

（3）绿色建筑的指标分析与优化；

（4）设计的三维可视化表达。

5　小结

BIM 概念的引入和推广是需要包括软件开发商在内的各行业人员共同努力的，基于软件工具现状，建筑设计者应在协同设计和标准化方面设定近期目标，并在实践过程中发现问题，向软件开发商进行反馈，使 BIM 的发展进入良性循环状态。

9

BIM 软件在建筑给水排水工程设计中的优势

傅凯军

摘要：本文通过当今世界各国对 BIM 的认识及使用概况，指明了目前建筑设计行业的发展方向，及在建筑给水排水设计中使用 BIM 软件制图的必然性。并通过设计人员应用三维软件与传统软件绘制工程图之间思维方式、效率、精细程度、减少错误及后期服务等的比较，详细阐述了 BIM 软件在建筑给水排水设计中的优势。

关键词：BIM，给水排水

1 BIM 在国内国外的发展概况

当今社会互联网商业模式已经势不可挡地横扫所有行业，而作为建筑业也不可避免，为了更好地在这场互联网革命中求发展、求革新，更好地融入物联网信息技术的大家庭，有人提出了"BIM"。

BIM 技术发展最好最快的无疑是首先提出 BIM 这一概念的美国，已经制定了国家 BIM 标准，并且 1/3 建筑企业在 60% 以上项目使用 BIM。工业革命的发源地欧洲在这场建筑行业的革新中也不甘落后，在英国 CPIC 官方网站的 BIM 网页出现了既有点违背常理，也不太符合英国的性格的标题"Drawing Is Dead-Long Live Modelling"，足见他们对 BIM 技术的推崇。作为亚洲潮流风向标的香港已经由香港房屋署发布了一份建筑信息模拟（BIM）应用标准，同时也已经有上百个成功案例。

作为世界经济体中重要的发展中国家的中国，当然要跟上时代的步伐。随着在北京奥运场馆、上海世博会场馆及上海中心大厦等项目 BIM 技术的成功应用，《2011—2015 年建筑业信息化纲要》明确提出了"十二五期间，要基本实现建筑企业信息系统的普及应用，加快建筑信息模型（BIM）、基于网络的协同工作等新技术在工程中的应用，推动信息化标准建设等"的总体发展目标。随着纲要的提出，各大设计院、建筑公司纷纷成立 BIM 信息技术应用中心，加入这场革新。

2 BIM 在建筑给水排水设计中存在的必然性

建筑的给水排水工程设计是建筑工程设计中的重要组成部分，在完整的建筑信息模型（BIM）中，给水排水管道与设备也是必不可少的。而目前大规模的保障性住房及公共娱乐配套场所的建设或改造工程越来越多，节能减排和环境污染等要求越来越高，传统的二维平面图绘制已经不能满足设计人员的需要。BIM 技术软件恰巧给出了一个多功能的、立体的三维信息模型创建的有效平台，使建筑给水排水专业能更好地配合建筑师完成建筑工程的整体设计。

3 传统软件设计与BIM软件设计的比较

3.1 设计人员思维方式的比较

传统的建筑给水排水设计要求设计人员必须有较强的三维空间想象能力和表达能力。当设计人员对建筑物给水排水工程进行设计的时候，首先要充分地了解建筑物的整体造型及结构专业的梁柱位置及尺寸，把建筑师及结构师的二维平面图在自己的脑子里转化成三维模型，然后再用二维线条将自己的管线及设备以投影的方式布置在工程图中。现实中的三维建筑到二维平面再转换成脑子里的三维模型，最后以二维的形式表现自己的设计，对于做建筑给水排水设计的人员来说这样一个复杂的设计过程相当地消耗脑力，也花费大量的时间。在当今这样一个时间就是生命的社会中，这样的浪费被社会所唾弃。由于计算机的出现，设计人员开始用计算机绘图（CAD）取代图板绘图，而这仅仅是绘图工具的转变。随着计算机技术的迅猛发展，三维绘制工程图被提出，并被广泛地认同。因为人类生活在一个三维的空间里，硬生生地把三维空间转化成二维平面是一种不合理的理念。

3.2 设计人员使用平面与三维工程图设计效率的比较

建筑给水排水工程是一个多设备、多部件的组合工程，一个完整的项目中，可能有上万个零件。设计人员需要通过各种途径获取零部件及设备的三维模型，再通过模型投影成二维图形表示在工程图中，这样的工程量无疑是巨大的。而一些复杂的设备模型很难用简单的二维图形表现出来，需要加注一大段的文字说明，但施工人员在安装时还会出现错误，从而也就出现了标准图集。标准图集只能作为参照，每个项目都有自己的特点，新产品、新技术每天都在出现，图集的使用根本满足不了实际工程中的需要，因此设计人员就需要根据实际情况没日没夜地修改图纸，这样的工作量和工作效率是很难令人满意的。而设计人员通过三维软件（Revit等）建模表达自己的设计时，就可以直接把零部件模型放置在建筑物内，通过管道进行连接，这样也就省去了三维到二维的转化。当施工人员拿到一个三维施工图的时候，他能直观地了解安装完成后的效果，不用进行复杂的空间转化，也不用整天向设计人员询问问题，占用设计人员创造价值的宝贵时间。

3.3 设计的合理性、细部处理及精细程度的比较

建筑给水排水工程的设计过程中，自身的交叉及碰撞是相当普遍的。在传统的绘制软件中，管道交叉时常常是用打断来简单地表示管道的避让情况，然而现实施工过程中管道的交叉确是一个相当复杂的安装过程。就拿建筑给水排水管道较为复杂的泵房为例：消防管道、喷淋管道及市政给水管道都表示在同一平面图上，管道交叉频繁。要准确地表示清楚就需要设计人员绘制一张系统图表示管线的标高，很难想象设计人员会为了管道的交叉问题去绘制一张详图。一般情况下所有的管道交叉问题都是施工单位现场自行解决的，但会有一些不负责任的施工单位，会先把管道错误地安装出来。出现空间不够、人员无法进入及维修等严重问题时再找设计单位解决。给水排水设计的工程师们碰到这样的问题是一个常态。主要原因是因为在设计的过程中没能直观地看到多管线交叉后的整体效果，只有把实物做出来后才会察觉自己设计得不合理。而通过三维软件绘制工程图，设计人员就不会忽略此处的安装情况，因为在绘制过程中已经清楚地看到管道之间的交叉及升降后安装的结果（图1）。

这样的三维视图相当直观，也避免了绘制过程中的管线打断错误等问题。设计人员在绘制过程中还能看到采用90°弯头连接和采用45°弯头连接及选择不同的连接方式的效果，选择最合理的方案，达到空间最佳使用功能的完美效果。

建筑内的管线出户问题往往是设计人员最关心的，设计人员需要把三分之二的时间都花在出户管位置及合理性的布置上。因为它影响着整个建筑的供水及排水的使用功能，一旦出现问题，那解决起来将是一项大工程。传统的绘制设计人员都是通过反复地看建筑标高及总图并通过计算确定出户及进户管的位置，同时还标注出户管穿墙的标高。虽然这种方法是施工单位所认可的，但现实工程中还是会出现管线出不了户、重力排水管出现倒灌等现象。在碰到有剪力墙的地下室时，管线的

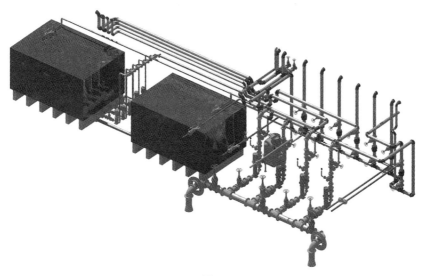

图1

防水套管都是提前预埋在墙里，一旦出现绘制标高错误和出不了户时就需要重新开洞，那代价可想而知，同时还会影响地下室局部的防水工程。出现上述原因很大程度上也是因为设计人员不能提前看到施工完成后的管线情况。充分体现了二维制图软件的局限性——不够直观立体。三维制图软件就很好地解决了这种麻烦。在三维软件中绘制工程图时我们看到的是一个整体，以雨水为例：雨水通过雨水沟汇集，经雨水斗、立管、检查口，90°转弯至标准找坡的排水横管排至室外雨水检查井，是一个整体的排水系统，设计人员最关心的是90°转弯处的空间位置是否合理，横管管径是否放大，横管标准放坡出户时接至室外检查井是否会产生倒灌现象及出户管的位置是否合理，设计人员一目了然。这样的直观感受，传统二维平面图设计是很难企及的。

给水排水设计者在给别人介绍自己的工作时，常常把自己说成是一个修理卫生间的。而对于一个合格的给水排水设计人来说，如何处理好卫生间的供水及排水是一门基础课。所有的给水排水工程师可能都是从画卫生间大样开始慢慢地入门绘制工程图的。卫生间虽然在整个建筑的给水排水设计中占的比例很小，但人们常说麻雀虽小，五脏俱全，一个大型的公共卫生间几乎涵盖了所有排水管、通气管、给水管及管路附加的连接方式及连接形式，真正画好一个大型的公共卫生间那可不是一件容易的事（图2）。

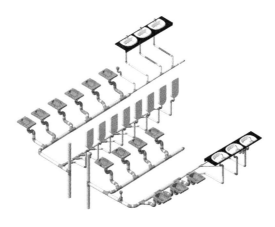

图2

图 2 所示是通过三维软件绘制的某电影院的公卫排水图，任何一个安装单位的安装技师都会很乐意看到这样一张工程图。三维制图软件很好地弥补了设计人员在容易忽略的细部问题上的处理情况，如管径的大小、存水弯的设置、方向及选用类型（P 弯还是 S 弯）、排水横管设置的合理性、足够的安装空间。而对于这些细部的接管情况，传统的二维平面图上是很难直观地表达清楚的，有的设计人员甚至干脆就不画、不考虑。

3.4　给水排水专业设计的美观性及与其他专业管线综合设计的比较

对于给水排水设计来说可能很少会有人关心管线排布的美观程度，因为他们都有一个共同的想法那就是管道安装完成后都会被隐蔽起来。而当今社会流行的是绿色建筑及节能减排，降低造价成本，使建筑达到原生态的效果。现代建筑有很多的管道是不隐蔽的，体现的就是建筑的原滋原味。因此，设计人员必须在不影响使用功能的情况下，尽量地使管道布置得合理美观。然而，整个建筑中不仅仅只有给水排水专业的管线，还有电气专业的桥架及暖通专业的风管等，使三个专业有效地结合在一个整体中，又要实现合理美观，这样的难度可想而知。如果使用传统的工程图绘制方法，把三个不同的专业的管线布置在一张二维的平面图上，那景象是相当壮观的，设计人员之间的沟通也是相当费劲的，他们需要一个更好的协调方式。三维设计软件的出现，能把不同专业的模型有效地整合在一起，因为它多了一个维度，能让设计人员清楚地看到其他专业的管线位置及高程，使协调、沟通在不同专业之间变得方便、直观。

3.5　设计人员对工程后期服务质量的比较

对于给水排水设计来说，安装维修也是必须考虑的一环。一些大型项目设计人员需要服务到整体工程的竣工，甚至有的需要全寿命周期的服务。然而，给水排水管道从竣工开始每天都在不停地运行，出现问题是常有的事情，因此维修的因素是必须考虑的，例如管井、水泵房、屋面是检修人员经常出入的地方。而三维设计软件能够在信息模型中模拟检修人员在进行检修时的情况，还能通过相机及摄像头的监控设备运行将管道系统的实时情况，通过数据的传输展现在设计人员的三维立体模型上。而传统的绘图方式完全无法实现这一功能。这样的后期服务对与建筑工程有关的任何一方来说都是相当满意的。

4　展望

BIM 软件作为一种全新的设计方式及绘制方式的革新，为设计人员带来了更高的设计效率、更少的设计错误、更好的设计质量。尽管现在 BIM 软件还有着诸多不完善的地方，但代表了当今设计工作的发展方向，随着建筑行业信息化进程的加快，BIM 设计也将不断完善和成熟，大力推广BIM 技术，将有助于提高建筑企业的管理水平与技术水平，提高工程质量和效率，增强企业的竞争力。同时，快速发展的城市建设带来了越来越紧迫的设计任务和设计时间，层出不穷的新材料、新技术，以及新的设计思想，这些都要求设计人员要不断更新自我，进行再学习。

参考文献

[1]　2011–2015 年建筑业信息化发展纲要 [Z].

[2]　何清华,钱丽丽,段运峰,李永奎.BIM 在国内外应用的现状及障碍研究 [J]. 工程管理学报,2012（1）.

[3]　梁超,濮文渊,王磊,梁广伟,耿跃云.BIM 在建筑给排水工程设计中的应用 [J]. 给水排水,2012（1）.

[4]　中国 BIM 门户 http：//www.chinabim.com.

[5]　中国 BIM 第一门户 http：//www.eabim.net.

10

浅谈 Civil 3D 在土方量计算中的应用

于振华

摘要：以环普大连项目为例，介绍了在场地设计中我们如何运用 Civil 3D 来完成土方平衡及土方量计算等一系列工作，最大限度地通过三维模型的运算来更加精确地完成场地设计。

关键词：Civil 3D，土方量计算，三维模型

1 引言

土方平衡及土方量计算是各工程在场地设计阶段必不可少的一个环节，也是我们在进行总平面设计时必须考量的依据。而由于涉及土方量的运算往往数据庞大，我们传统的网格法进行人工运算往往需要多人花费数日甚至数周来进行计算整合并且得到的结果往往误差较大，这就需要通过软件来帮助我们进行这项运算以提高工作效率。当下许多软件都带有土方量计算的功能，诸如 HTCAD、南方 CASS、FastTFT 等，尽管这些软件提供了多种运算方法，但是在三维模型的表现及处理上不如 Civil 3D。

AutoCAD Civil 3D 是 Autodesk 公司开发的一款强大的面向土木工程行业的测量、设计、分析和文档处理软件。可视化、模拟化及分析功能更能帮助土木工程师推动项目开展，提供更高质量的施工文档和三维模型。而 Civil 3D 中的土方量计算更是让人为之称赞，简易的操作程序、立体直观的三维模型、详细精确的算法，处处都体现着该软件的全面与人性化。

2 Civil 3D 的运算原理

用软件来创建地形，都需要先把原始的地形图数据转化为计算机可识别的信息。在 Civil 3D 中，我们通过建立可视化的立体曲面来模拟地形，"曲面"即为地形的三维模型表达。而在创建地形过程中，我们所需要提取的原始的地形图数据可以是等高线、特征点及特征线等。随之 Civil 3D 通过拾取我们所提供的各种地形要素进行运算，最终模拟出一个自然曲面，并且可以进行实时修改更新地形条件，以便于工程师更加直观、便捷地进行场地设计。

Civil 3D 中的曲面分两种类型：即三角网曲面和格栅曲面，其中三角网曲面是通过不规则三角网来模拟真实地形，较为精确，因此在场地设计中多采用三角网曲面。下文提及的曲面均为三角网曲面。

3 Civil 3D 土方量的运算步骤

Civil 3D 中的土方计算，即是两个表达地形的三维模型即"曲面"之间的相互比较，通过曲面

之间的体积差来计算挖方量与填方量。其简要计算步骤如下。

1）建立自然曲面

提取原始的地形数据，建立原始地形的三维模型，即原始曲面。

2）建立设计曲面

提取设计的地形数据，建立设计地形的三维模型，即设计曲面。

3）进行土方计算

在分析栏中选择体积项，分别添加原始曲面和设计曲面并限定边界，设置好参数，随后电脑会自动生成土方量计算表格。

4 项目实例

下面将以大连环普国际产业园项目为例来详解一下 Civil 3D 在土方量计算中的应用。

大连环普国际产业园项目位于中国辽宁省大连市金州保税区汽车产业园 A 区 A-11-1 地块。基地属于低山丘陵区，地势高差较大，场地西南角与东北角高差相差十几米。因此在初步设计中，我们需要土方平衡及土方量的计算结果作为依据来进行场地及总图设计。

首先，在我们确认规划图所提供的地形图中含有高程属性的坐标点后，我们用 Civil 3D 打开地形图并拾取坐标点来创建原始曲面并生成三维模型，如图 1 所示。

当模型中出现如图 2 所示的不合理之处时，我们需要将模型修正。此时我们需要用曲面特性里的定义工具来排除不合理的点，以此来确保地形模型的精确。

用 Civil 3D 打开已赋予坐标高程点的场地设计图纸，创建设计曲面并生成三维模型，如图 3 所示。

用分析选项卡中的体积工具来进行原始曲面和设计曲面的对比操作并生成体积报告，如图 4 所示。

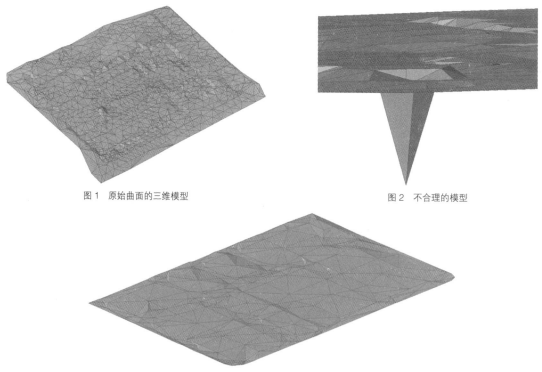

图 1 原始曲面的三维模型　　　　　　　　　　　图 2 不合理的模型

图 3 设计曲面的三维模型

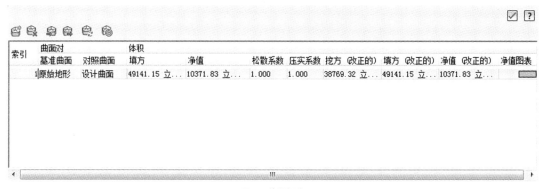

图 4 体积报告

当然，体积报告中的松散系数及压实系数受到很多因素影响，需要我们根据实际的项目进行自主设定。

5 结语

土方量计算的软件及方法有很多，但是 Civil 3D 有着其独特的优势。其引入"曲面"的概念来快速建立高精度的三维地形模型，让设计人员更加直观、生动地了解地形及土方运算的过程，随时对场地设计进行整理、修改及优化，使得项目运作的效率、质量、成果得到进一步提升。

11

蒙皮效应及在轻钢结构设计中的应用

韩　啸

摘要：介绍蒙皮效应的概念，工作原理及国内外对蒙皮效应研究的概述。简单分析了应力蒙皮结构的计算模型和作用机理，并阐述了应力蒙皮设计的基本假定及适用条件。

关键词：蒙皮效应，轻钢结构，压型钢板

1　蒙皮效应概念

蒙皮效应是指在建筑物的表面覆盖材料，通常包括屋面板和墙板，利用这层覆盖材料本身的刚度和强度对建筑物的整体刚度进行加强。蒙皮板其自身抗剪切刚度能对板平面内产生变形的荷载有一定抵抗效应，表现为力传递效应和支撑效应。[1] 对于双坡门式刚架，抵抗竖向荷载作用的蒙皮效应取决于屋面坡度，坡度越大蒙皮效应越显著；而抵抗水平荷载作用的蒙皮效应则随着坡度的减小而增加。

在目前的轻型钢结构设计中，压型钢板只是作为了建筑屋、墙面的围护结构，并没有考虑其参与结构体系的共同工作效应。实际上，在确保压型钢板通过有效连接措施与周边结构构件有可靠的连接的条件下，由于在其自身平面内具有较大的刚度，其与结构构件一起共同工作将具有蒙皮效应功能。即作为围护结构同时可作为受力结构的组成部分，增加结构的整体强度和刚度。设计中考虑蒙皮效应不仅使结构的受力更加符合实际情况，同时也将给工程建设带来良好的经济效益。因此，开展轻钢结构蒙皮效应及其应用研究，具有重要的理论和工程实用价值，也必将使轻钢结构设计更加具备科学性。

2　应力蒙皮结构研究概述

对于应力蒙皮效应的研究可以追溯到 1950 年代，当时由于在门式刚架的试验研究中发现，实测的变形和应力比平常设计计算的值要小。这些试验的研究对象是一部分工业厂房和仓库，其中不存在楼梯和隔墙。实测应力偏小的唯一解释只能是这些建筑结构本身的屋面钢板分担了结构的一部分荷载。这个试验结果促使 E. R. Bryan 等人进行了轻钢结构中屋面板应力蒙皮效应的深入研究。应力蒙皮设计研究中的一个里程碑事件是 Bryan（1973 年）出版了《钢结构蒙皮设计》（The Stressed Skin Design of Steel Buildings），在欧洲钢结构协会《欧洲钢结构应力蒙皮设计推荐》（European Recommendations for the Stressed Skin Design of Steel Structures）一书出版前，该书一直被认为是应力蒙皮结构设计方面的主要参考。

历史上，应力蒙皮效应最早引起大家的注意是从双坡门式刚架开始的。双坡门式刚架在承受竖

向荷载作用时，屋顶屋脊处有向下移动的趋势、檐口处有向外移动的趋势，这种运动趋势会导致屋面板平面内的剪切变形。由于压型钢板有一定的平面内刚度，有抵抗这种剪切变形的趋势。在有可靠连接的条件下，屋面板与周边构件共同工作，在一定程度上，屋面板参与了结构的内力重分配，承担了一部分的外荷载。另外，对于典型的屋面板，剪力和剪切变形比弯矩和弯曲变形都来得要大，因此，应力蒙皮效应中一般只考虑板的剪切影响。此后随着实际经验的积累，人们更多地把注意力放在了普通平顶门架的蒙皮效应研究上。当门架承受风荷载时，屋面板的蒙皮效应使得结构能够有效地抵抗门架的侧向位移。在一定程度上，蒙皮效应使得屋面的压型钢板充当了门架侧向支撑的角色。从而，蒙皮效应能够很好地改善门架的有侧移失稳。但是，很明显地，蒙皮效应对于门架的无侧移失稳问题无能为力。[2]

事实上，不管是对于双坡门架还是平顶门架，应力蒙皮结构对于抵抗风荷载、雪荷载特别有效。对于一般的轻钢结构，采用蒙皮结构能够大大节省材料成本。因为按照一般的钢结构设计规范，应力计算时不考虑屋面板的影响。而实际上，由于压型钢板作为一种应力蒙皮结构，存在着一定的抗剪承载力，可以给框架提供一定的横向约束，提高框架的抗侧移刚度，从而可以从根本上提高框架的稳定性能。

3 应力蒙皮设计的基本假设及适用条件

Bryan 等人通过大量的试验研究和有限元分析，在引入两个基本假设的基础之上，得到了应力蒙皮结构设计计算的一般公式：假设内力在每个蒙皮宽度上内力平衡；整个蒙皮结构的柔度可以由各个不同的变形和位移模式引起的柔度叠加而成。

考虑蒙皮效应的结构形式大致为下面几种：

（1）平顶门式刚架主要受侧向风荷载作用；

（2）山形门式刚架有吊车梁，在屋檐处侧向变形很大；

（3）门式刚架边框架与中间框架侧向位移不一致，引起较大内力；

（4）结构承受侧向节点荷载，这种情况蒙皮效应体现得最为突出。

4 应力蒙皮结构的计算模型

考虑到应力蒙皮结构的抗剪性能，可以得到框架的计算模型（图1）：一个三维框架可以归结为一个平面的计算模型，图中每个弹簧的刚度就是压型钢板的抗剪刚度。[3]

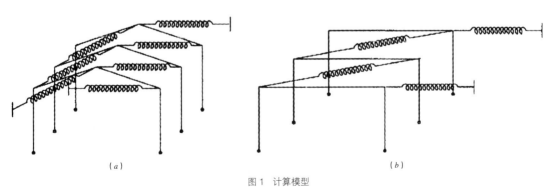

（a）   （b）

图1 计算模型

（a）山形门式刚架；（b）平顶式门式刚架

5 压型钢板蒙皮效应作用机理

蒙皮效应的工作机理是在围护板（压型板）与檩条、板与板之间通过不同的紧固件连接起来形成了以檩条作为其肋的一系列搁板。这种板在平面内具有相当的刚度，类似于深梁中的腹板，檩条类似于深梁中的加劲肋，板四周连接的墙梁或檩条类似于深梁中的翼缘。这种构造共同完成蒙皮效应功能，可以传递板平面内的剪力，承受板平面内的各种荷载作用，如图2、图3所示。围护板蒙皮效应的大小将取决于围护板的具体构造。[4]

根据蒙皮效应的工作原理，蒙皮构造必须满足以下条件：

（1）板的四条周边与墙梁或檩条固定连接；

（2）四周的构件与板的连接强度必须能够传递板平面内和平面外的荷载；

（3）设蒙皮处于纯剪状态，作用于蒙皮两个方向上的平均剪应力 $\tau1$ 和 $\tau2$ 相等，因此在两个方向的连接抗剪能力应相等，或者说较弱方向的抗剪能力决定其整体抗剪能力；

（4）蒙皮面板的抗剪承载能力取决于板的材性、板型、板厚、檩条刚度和间距、连接构造及自攻螺钉的强度和布置密度。

在设计中考虑蒙皮效应须满足以下假定及规定：

（1）蒙皮作为深梁腹板起抗剪作用，其弯曲变形和弯曲约束忽略不计；

（2）设计中必须符合试验依据的同等条件的蒙皮构造的规定；

（3）设计中一旦考虑了蒙皮效应，必须严格规定围护板在建筑物的使用期间不得拆除。

满足以上条件，蒙皮效应可以用来传递蒙皮板平面内的水平力，并在设计中加以利用。

蒙皮效应主要有以下几个方面的作用：

（1）屋面板用于抵抗山墙抗风柱传递来的水平荷载，将其传递至檐口处，再通过墙面蒙皮或支撑传至基础；

（2）在山墙利用墙板抗剪蒙皮作用，将山墙面框架设计成排架且不加柱间支撑（墙面开洞过大的除外）；

（3）在竖向重力作用下，檩条会产生侧弯曲和扭转变形，通过连接在檩条上的板，将抵消此变形，面板蒙皮效应将剪力传至檩条与屋面梁连接处，再通过檩条与屋面梁连接件传至各个屋面梁上；

（4）板平面内有足够刚度可对檩条上翼缘形成侧向约束，减少了檩条的稳定计算长度，大大提高了檩条的稳定承载能力；

（5）屋面蒙皮使各个平面刚架连成整体空间结构，减少刚架侧移。当檐口较高，由柱顶侧移控制结构计算时，可带来经济效益。

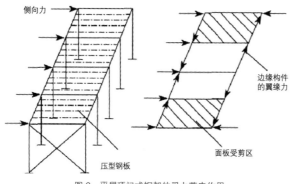

图2 平屋顶门式钢架的受力蒙皮作用

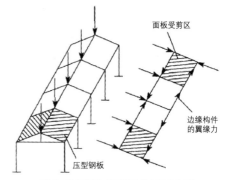

图3 坡屋顶门式钢架的受力蒙皮作用

6　无视应力蒙皮效应的危险性

在实际工程设计中，存在这样一个误区：认为忽略应力蒙皮效应趋于保守，实际结构不考虑应力蒙皮效应是没有问题的。然而，事实上，应力蒙皮效应存在于大量的工程实际中，而不管工程本身是否是按照应力蒙皮效应设计的。在某些工程实例中，存在着作为屋面板的压型钢板在正常工作荷载下先破坏的情况。特别是在那些主要承受横向荷载的轻钢结构中，由于高度大，结构体系存在着较大的侧向位移。

在这种情况下，即使是在工作荷载下，屋面板的屈曲甚至是破坏都是有可能出现的。如果实际工程中一概不加以考虑，会造成严重的后果。从这个意义上讲，应力蒙皮效应并不是一个简单的经济性问题，同样，它也涉及一个安全性和适用性的问题。在实际工程中，不能不加以考虑。

7　结语

轻钢结构蒙皮效应是值得结构工程界及广大结构工程师注意的一个很重要的问题。然而在我国，起步于 1980 年代的钢结构蒙皮效应研究无论在理论研究还是试验研究方面尚不够成熟，运用于设计实践更是缺乏规范依据。近十余年来，我国研究人员在充分借鉴国外特别是英美等国家较为成熟的研究成果的基础上，结合我国的围护结构材料（我国的压型钢板及螺栓连接的规格尺寸与国外存在着较大的区别）特性状况，开展了大量富有成效的试验与理论分析工作，为在我国结构设计中将采用考虑应力蒙皮效应的设计方法尽快引入结构工程师的设计实践奠定了一定的学术研究基础。

参考文献

[1]　林醒山 . 国内外受力蒙皮研究发展概况 [J]. 南京建筑工程学院学报，1992（2）：43–49.

[2]　季渊，童根树 . 轻钢结构应力蒙皮设计研究综述 [J]. 工业建筑，2002

[3]　Davies M.，Bryan E. R.Manual of Stressed Skin Diaphragm Design [M]，1982.

[4]　吴广珊，叶志明 . 轻钢结构蒙皮效应及其应用 [J]. 上海应用技术学院学报，2013（3）.

12

轻钢结构檩条优化设计浅析

朱　健

摘要：利用 STS 结构设计软件分析各种设计参数，如：搭接长度、净截面系数、折减系数等，对连续檩条计算结果的影响，从而选出合理的参数数值。在保证结构安全的前提下，使檩条设计更为经济，并给设计人员提供参考。

关键词：连续檩条，搭接长度，拉条

1　引言

　　近些年随着我国经济突飞猛进的发展，轻钢结构建筑工程由于具有跨度大、施工速度快、可重复利用、造价低等特点而被广泛应用，例如门式刚架仓库和厂房等。其中檩条的用钢量仅次于主钢架，占总用钢量的大约 30%。因此，檩条的优化设计对结构的经济性就显得十分必要。以下便从设计的角度，分析几项参数的影响。

2　搭接长度

　　连续檩条搭接长度的合理设计可以大幅度减小檩条支座及跨中的弯矩，降低檩条的用量，从而取得良好的经济效益。目前，连续檩条在轻型屋面的设计中得到广泛的应用。通常屋面檩条采用冷弯薄壁 Z 形构件，檩条的连续通过在支座处的搭接来实现，即两根 Z 形檩条先嵌套在一起，再通过螺栓互相连接并固定于支座上，如图 1 所示。显然，这种做法存在两个问题，一个是这种连接方式能否提供足够的刚度以确保弯矩的连续传递；另一个是搭接长度应该设定为多少。前者关系到结构的安全性，而后者则直接影响到设计的经济性。

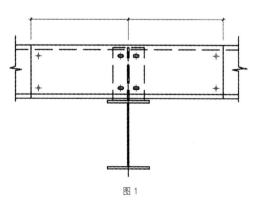

图 1

　　报告指出：檩条搭接长度达到跨度的 10% 时，可达到接近于等截面连续梁的连接效果，但由于嵌套的缝隙，其嵌套区的檩条刚度比等截面连续单檩条的刚度要低一些。嵌套连续的效果来自于构造的两个方面：一方面是嵌套握裹产生的连接效果；另一方面是搭接区两端头螺栓连接所产生的连接效果。根据美国巴特勒公司的试验数据，檩条搭接长度必须大于 1.5 倍的檩条截面高度，才能确保连续檩条的共同工作。在设计时，认为支座处两根檩条共同工作，那么它们所能承担的弯矩及剪力都应该

是单根檩条的两倍，显然要使所有截面充分发挥作用，搭接长度应该一直延伸到支座处负弯矩下降到峰值一半的时候，这样的搭接称其为有效搭接。需要说明的是，两根檩条搭接时还应该满足以下四个条件才可以满足共同工作的假设：①搭接的端部必须采用直径不小于 12mm 的螺栓相互连接；②两根檩条的下翼缘与支座连接时必须采用直径不小于 12mm 的螺栓；③两根檩条的腹板必须紧密贴合；④两根檩条的构件壁厚比不应超过 1.3。2003 年《全国民用建筑工程设计技术措施》中对檩条的搭接长度有了明确的规定，即要求不小于跨度的 10%。故以 10% 跨长定为通常的搭接长度较适宜。至于端跨檩条的搭接长度 A 和 B（见图 4）则要大于这个长度，A 和 B 主要是以满足搭接端头弯矩不大于跨中最大弯矩以及考虑支座区域檩条下翼缘受压控制其约束条件来确定。

3 拉条的设置

拉条的首要任务是将屋面荷载产生的下拉力传至刚架梁，同时又为檩条弱轴提供侧向支点的作用即对截面 y 轴弯矩随拉条设置的增多而减小。通常在恒载活载及风吸力较小的情况下檩条上翼缘受压拉条可仅设置在檩条上翼缘腹板高度处，如图 2 所示。在沿海地区风吸力较大时，恒荷与风吸力组合，檩条下翼缘受压，拉条应分别设置在檩条上下翼缘腹板高度处，如图 3 所示，且有时加设拉条比加大檩条高度或厚度更为经济。

拉条的设置数量对檩条的内力和挠度有一定的影响，设置越多，对计算结果越有利。虽然可减小檩条截面，但增加拉条的同时总用钢量不一定下降。所以，应该取到合适数量的拉条才能得到最优的结果。例如，对于普通的物流仓库，柱距一般为 10~12m，则按 STS 计算结果选择三道拉条较为合适（檩条高度控制在 300mm 以内）。当柱距超过 12m 时，可以考虑设四道拉条。

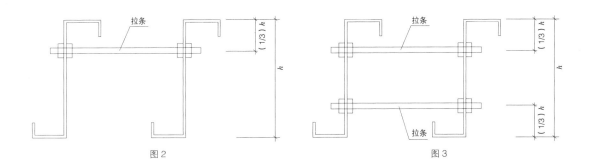

图2   图3

4 其他相关参数

4.1 折减系数与调幅系数

此处的折减系数是指支座双檩条连接刚度折减系数，该数值对内力分析结果有一定的影响，折减得越多，支座部位负弯矩相应越小，跨中弯矩相应会有所增大。

对连续檩条极限承载力的计算，按等截面连续梁承受均匀满布活荷载模式作一探讨，图 4 为跨数大于 5 的连续梁计算模式的弯矩分布图，不考虑支座搭接区的双檩条刚度，考虑檩条搭接的嵌套松弛影响。图 4 中的连续梁的弯矩大小依次为：$M3>M1>M10>M7>M9>M5$。$M2$、$M4$、$M6$ 和 $M8$ 为搭接端部弯矩，随搭接长度而定。显然，如按等截面均匀连续梁考虑强度计算，则由 $M3$ 控制截面设计。具体设计时，可令第一跨檩条加厚，其余跨由 $M10$ 控制计算。对于满布均匀荷载、跨度相等且跨数无限的等截面连续梁，支座处的弯矩与跨中的弯矩之比为 2，考虑支座处弯矩释放

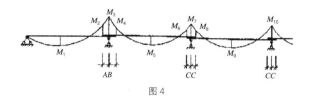

图 4

10%，则为 0.9/（0.5+0.1）=1.5。国内通常不考虑支座处双檩条强度，仍按单檩条计算，这样支座处的弯矩必然控制截面强度设计，其结果将不经济，显然支座处按双檩条强度考虑可大大节省用钢量。

4.2　活荷载不利布置

程序考虑的活荷载不利布置方式为完全活荷载的最不利布置，该项的选取对内力及挠度计算结果影响较大。然而在檩条计算时，已经考虑了活荷载的放大（比钢架计算的活荷载取值大）。而且在北方雪荷载起控制作用的地区，再考虑此项使设计结果偏于保守，则考虑在进一步节省用钢量的前提下，不考虑此项。

4.3　净截面系数

净截面系数是考虑到构件表面打孔等处理导致截面削弱时，导致的被削弱断面的应力增大。所以，在钢结构规范中给出的正应力计算中采用的是净截面，即开孔削弱后的截面。程序在设计时，采用一个近似的净截面系数来考虑截面的削弱，净截面系数仅影响强度计算，稳定计算还是用全截面特性验算。强度计算时净截面系数对面积、抵抗矩同时折减。

对于净截面系数的取值，对于一般的框架结构，如果没有特殊开孔，仅连接螺栓孔情况，可以偏于安全地取净截面系数 0.85，如果有特殊开孔，看开孔位置，如果是在受力较大的控制截面位置，需要按实际开孔的削弱情况计算净截面系数。对于门式刚架结构，通过端板连接，螺栓孔在端板上，构件上不打孔的情况下，净截面系数可以适当取大一些，如取 0.95。

5　结论

（1）搭接长度除端跨外，取 10% 跨长；

（2）跨度 10~12m 每跨设三道拉条，大于 12m 可设四道拉条；

（3）折减系数可取大于 0.5 的值，调幅系数取 0.9；

（4）活荷载不利布置在一般情况下可不予以考虑，以节省用钢量。

参考文献

[1]　钢结构设计规范（GB 50017–2003）[S].

[2]　门式刚架轻型房屋钢结构技术规程（CESC 102：2002）[S].

[3]　张伟.连续檩条设计中的搭接长度分析 [S].钢结构，2006（6）.

[4]　浙江大学杭萧钢结构研究中心 .冷弯斜卷边 Z 形连续檩条的抗弯性能试验及设计方法研究 [Z]，2001.

[5]　冷弯薄壁型钢结构技术规范（GB 50018–2002）[S].

13

门式刚架结构屋面坡度的取值

徐长海

摘要： 门式刚架结构体系对于单层物流仓库是经济合理的结构形式，但由于物流仓库单体平面尺寸大，加之消防要求和层高最大化间的矛盾，导致其屋面坡度很难满足规范要求。文中对不满足屋面最小坡度要求的技术措施作了总结，在工程实践中，证明上述措施是切实可行的，工程效果良好。

关键词： 门式刚架，物流仓库，屋面坡度

门式刚架轻型房屋钢结构起源于美国，经历了近百年的发展，目前已成为设计、制作与施工标准相对完善的一种结构体系。门式刚架轻型房屋钢结构具有受力简单、传力路径明确、构件制作快捷、便于工厂化加工、施工周期短等特点，因此广泛应用于物流仓库与工业厂房设计中。

物流仓库与厂房项目有一个显著特点，就是建筑的体量大，占地面积大。通常由于消防的要求，屋脊控制在 12m 以内（不因房屋过高，而额外增加消防设施费用），加之适用净高要求，通常屋面坡度满足不了相关规范的最小坡度要求，设计须对屋面板材、水平构件刚度等提出更高要求。

1 规范对于屋面坡度的规定

《门式刚架轻型房屋钢结构技术规程（2012 年版）》（CECS 102：2002）中 4.1.5 条规定了"门式刚架轻型房屋的屋面坡度宜取 1/8~1/20，在雨水较多的地区宜取其中的较大值"。

规范中以上规定主要出于对屋面板防水的考虑。实际物流仓库和厂房由于建筑单体体量大，在满足净高和屋脊高度 12m（消防的经济高度）的前提下，屋面坡度普遍小于 5%，我司项目中普遍坡度为 3%。对于小于 5% 坡度的屋面，规范中规定应校核结构变形后雨水顺利排泄的能力。校核时应考虑安装误差、支座沉降、构件挠度、侧移和起拱的影响。

2 屋面坡度小于 5% 时的设计措施

2.1 基础设计

对于屋面坡度小于 5% 的门式刚架项目，基础设计控制绝对沉降量在 60mm 以内，相邻基础的沉降量差控制在千分之三内。对于土质较差的项目采用桩基或者人工改良地基。

2.2 主体刚架刚度控制

《门式刚架轻型房屋钢结构技术规程（2012 年版）》（CECS 102：2002）中 3.4.2 条对于侧移和挠度等作了变形规定。规定是依据屋面坡度不小于 5% 的条件得出的。其中对于坡度小于 5% 屋面提出是不适宜的。总体来讲，挠度限制规定较松，而"由于柱顶位移和构件挠度产生的屋面坡度

改变值，不应大于坡度设计值的 1/3" 又太严格。

2006 年 8 月 3 日《门式刚架轻型房屋钢结构技术规程》（CECS 102：2002）管理组 "关于轻钢结构设计问题回复" 的 10 条中有了明确规定，设计时可参照执行：

为防止屋面板上积水，屋面梁的挠度可根据屋面板板型和屋面坡度决定。

1）对于搭接屋面板屋面，屋面坡度不应小于 5%，屋面梁的挠度应满足 $L/180$。

2）对于直立缝卷边屋面板，屋面坡度不应小于 2%。

（1）屋面坡度为 2%，屋面梁的挠度应满足 $L/300$；

（2）屋面坡度为 2.4%，屋面梁的挠度应满足 $L/250$；

（3）屋面坡度为 3%，屋面梁的挠度应满足 $L/200$；

（4）屋面坡度为 3.33%，屋面梁的挠度应满足 $L/180$。

L——斜梁跨度。

上述措施可以取代《门式刚架轻型房屋钢结构技术规程（2012 年版）》（CECS 102：2002）中 3.4.2 条第 3 款关于屋面坡度改变值的规定。

2.3 屋面板板型的选择

小于 5% 坡度的屋面板板型选择 360° 直立锁缝形式，缝内预涂密封胶，横向搭接密封，结构可靠。

3 结语

门式刚架结构设计中，设计人员应该尽量满足规范对屋面坡度的要求。对于屋面坡度不满足规范要求的工程，应该有切实可行的技术措施作为保障。文中所列技术措施在实际工程中反映良好，可供类似工程借鉴。

14

多层物流库车道设计荷载取值分析

盛学文　王　灵

摘要：随着物流行业的发展，通用物流仓库建设方兴未艾，经对我司以往物流仓库设计成果的经济分析，地面处理、坡道等占据仓库造价中相当的比重。其中，坡道设计荷载因牵扯因素跨行业等原因现通常参照《公路桥涵设计通用规范》（JTG D60—2004）中规定的公路 I 级车辆荷载取值，该取值与实际车辆不符。本文通过对车辆制造规范及车辆超载标准的解读及实际车辆参数的分析，以《建筑结构荷载规范》（GB 50009—2012）为荷载计算的基本原则，对各种集装箱货车的等效设计荷载进行了验算，给出了不同结构布置下的荷载取值规律，为合理、安全地进行物流库车道设计提供了原始依据。

关键词：物流仓库，集装箱运输车，车道荷载，取值

1　综述

货运车辆按形式可分为汽车货车（二～四轴）及汽车列车（牵引车 + 半挂车两种），其中，汽车货车长度较短（不超过 12m），载重量有限（20t 以下），汽车列车较长，载重量较大（20t 以上）。两种类型的车辆对道路的要求存在较大差异。

汽车货车为单体汽车，道路设计时，依据其转向半径、车宽、车长及前悬长度等参数可确定唯一的通过宽度，随着转弯半径的增大，通过宽度相应减小。

汽车列车为组合车体，牵引车可通过安装在牵引车驱动轴上方的鞍座及半挂车前部的牵引销随时与半挂车进行组合，亦可通过车尾挂钩与全挂车进行组合。

道路设计时，虽然牵引车的通过宽度与汽车货车类似，但挂车车体相对于牵引车存在转向滞后等问题，其通过宽度不仅与车辆的参数相关，同时也与牵引车和挂车相对位置有关。

2　集装箱及集装箱运输车

2.1　集装箱

国标《系列 1 集装箱分类、尺寸及额定质量》（GB/T 1413—2008）对集装箱的分类、尺寸及额定质量规定如下（表 1）：

系列1集装箱尺寸及各额定质量一览表　　　　　　　　　　表1

集装箱型号	宽度		长度		高度		额定质量（kg）
	mm	ft	mm	ft	mm	ft	
1EEE	2348^0_{-5}	$8^0_{-3/16}$	13716^0_{-10}	$45^0_{-3/8}$	2896^0_{-5}	$9\text{-}6^0_{-3/16}$	30480
1EE					2591^0_{-5}	$8\text{-}6^0_{-3/16}$	
1AAA			12192^0_{-10}	$40^0_{-3/8}$	2896^0_{-5}	$9\text{-}6^0_{-3/16}$	
1AA					2591^0_{-5}	$8\text{-}6^0_{-3/16}$	
1A					2438^0_{-5}	$8^0_{-3/16}$	
1AX					<2438	<8	
1BBB			9125^0_{-10}	$29\text{-}11\tfrac{1}{4}{}^0_{-3/8}$	2896^0_{-5}	$9\text{-}6^0_{-3/16}$	
1BB					2591^0_{-5}	$8\text{-}6^0_{-3/16}$	
1B					2438^0_{-5}	$8^0_{-3/16}$	
1BX					<2438	<8	
1CC			6058^0_{-6}	$19\text{-}10\tfrac{1}{2}{}^0_{-1/4}$	2591^0_{-5}	$8\text{-}6^0_{-3/16}$	
1C					2438^0_{-5}	$8^0_{-3/16}$	
1CX					<2438	<8	
1D			2991^0_{-5}	$9\text{-}9\tfrac{3}{4}{}^0_{-3/16}$	2438^0_{-5}	$8^0_{-3/16}$	10160
1DX					<2438	<8	

　　A型（40英尺）集装箱及C型（20呎）集装箱较为常见，广泛应用于海运及陆运（铁路、公路运输）。

　　B型（30英尺）集装箱主要为罐式集装箱。

　　D型（10英尺）集装箱主要用于空运。

　　E型（45英尺）集装箱较为少见。

　　除此之外，北美的53ft铁路运输专用集装箱亦在国内有少量使用。

2.2 集装箱运输车

2.2.1 半挂车

2.2.1.1 车型

　　汽车列车为集装箱运输车的主要车型，《货运挂车系列型谱》（GB/T 6420—2010）对集装箱运输半挂车的基本型谱分3类共13种车型的车轴数量、最大允许质量、整备质量和最大车身尺寸作出了规定，其最大允许质量及整备质量满足《系列1集装箱分类、尺寸及额定质量》（GB/T 1413—2008）中A~C类及E类各种集装箱的运输要求，48ft及53ft集装箱的最大整备质量为33200kg及33000kg（表2）。

集装箱半挂车基本参数汇总表　　　　　　　　　　表2

车身宽度	车轴数	最大允许质量	车辆整备质量			集装箱规格	车辆长度
			车身整备质量	集装箱质量	合计		
2500mm	2	35000kg	4500kg		34980kg	20ft	7500mm
				30480kg		30ft	13000mm
						40ft	12700mm
	3	40000kg	5800kg	30480kg	36280kg	20ft	8600mm
			7000kg		37480kg	30ft	13000mm
			6500kg		36980kg	40ft	12700mm
			6600kg		37080kg	45ft	14200mm
			6800kg	<33200kg	40000kg	48ft	15000mm
			7000kg	<33000kg	40000kg	53ft	16500mm

2.2.1.2 车身长度

根据《货运挂车系列型谱》（GB/T 6420—2010），罐式集装箱半挂运输车用于 20 英尺、30 英尺规格的集装箱，车辆最大长度分别为 11000mm 及 13000mm。

平直梁式半挂运输车用于 20 英尺、40 英尺规格的集装箱。其中，20 英尺半挂车根据轴数不同，车辆最大长度分别为 7500mm（并装双轴）和 8600mm（并装三轴），运送 40 英尺集装箱的半挂运输车与鹅颈式相仿。

鹅颈式半挂运输车用于 40 英尺及以上规格的集装箱，比相应规格的集装箱长 300~510mm。

根据《半挂车通用技术条件》半挂车最大前悬为 1600mm。

2.2.1.3 半挂车车轴荷载与鞍座荷载

根据《道路车辆外部轮廓尺寸、轴荷及质量限值》（GB 1589—2004）对半挂车车轴荷载的规定，二轴、三轴半挂车的后桥最大允许荷载分别为 18000kg（并装轴轴距不大于 1800mm）和 24000kg，则相应的鞍座荷载分别为 35000-18000=17000kg 和 40000-24000=16000kg。

半挂车通过 50 号牵引销或 90 号牵引销拖挂于牵引车，其中 50 号牵引销用于拖挂总质量不超过 50000kg 的半挂车，竖向荷载传载能力为 200kN，90 号牵引销用于拖挂总质量不超过 100000kg 的半挂车，竖向荷载传载能力为 300kN。集装箱半挂车由于最大允许质量为 40000kg，通常采用 50 号牵引销。

2.2.2 牵引车

通常国产集装箱牵引车长度介于 5.500~7.500m 之间，与半挂车连接后汽车列车总长度约为相应的集装箱长度 3000~3500mm。

实际的三轴牵引车整备质量介于 6000~7500kg 之间，四轴牵引车整备质量介于 7000~11500kg 之间。

2.3 车辆荷载取值

2.3.1 规范取值与存在的问题

现有设计依据为《公路桥涵设计通用规范》（JTG D60—2004）中规定的公路 Ⅰ 级车辆，即 55t 级 5 轴车辆，轴荷的设计取值分别为 30kN、2×120kN 和 2×140kN（图 1）。

该荷载取值与《道路车辆外廓尺寸、轴荷及质量限值》（GB 1589—2004）及实际车辆存在若干矛盾之处。

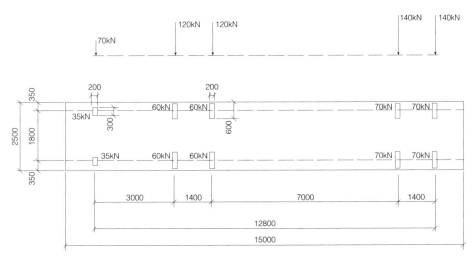

图 1 《公路桥涵设计通用规范》中规定的公路 Ⅰ 级车辆轮压

A. 车辆轴数

根据《道路车辆外廓尺寸、轴荷及质量限值》的规定，五轴汽车列车的最大允许总质量为43000kg（45t级），而55t级的车辆应为"具有六轴或以上的汽车列车"。

《通用规范》中55t级的车辆为五轴车，与《限值》相矛盾。

B. 转向轴荷载取值

实际车辆中牵引车转向轴满载时车轴荷载介于5500~8500kg之间。

《通用规范》中转向轴荷载为3000kg，与实际情形出入较大。

C. 后桥轴荷

根据《道路车辆外廓尺寸、轴荷及质量限值》的规定，并装双轴的半挂车轴距为1300~1800mm时后桥最大允许荷载为180kN，轴距不小于1800mm时后桥最大允许荷载限值为200kN。

实际车辆中挂车车轴均为13t级（单个车轴最大允许荷载限值为130kN）。

《通用规范》中后桥为并装双轴，轴距1400mm时荷载取值为2×140kN=280kN，远远超过《限值》中180kN的限值。

D. 车辆等级

根据《货运挂车系列型谱》（GB/T 6420—2010）的规定，集装箱半挂车分为双轴（35t级，车货总质量35000kg）及三轴（40t级，车货总质量40000kg）两种，常用的牵引车整备质量介于6000~10500kg之间，即汽车列车可能的最大车辆总质量约为51500kg，即为50t级车辆。

E. 车辆长度

根据《货运挂车系列型谱》（GB/T 6420—2010）的规定，并装二轴的20英尺半挂车车辆最大长度为7500mm，并装三轴的20英尺半挂车车辆最大长度为8600mm，其轴距均小于5000mm。《公路桥涵设计通用规范》（JTG D60—2004）中公路 I 级车辆标准简图中荷载集度明显小于20英尺集装箱运输车的实际荷载集度。

2.3.2 集装箱运输车荷载的影响因素

车辆设计规范的限制

《道路车辆外廓尺寸、轴荷及质量限值》（GB 1589—2004）对各种车辆的外廓尺寸、轴荷以及质量进行了强制性规定。

《货运挂车系列型谱》（GB/T 6420—2010）对集装箱半挂车形式、最大允许质量进行了限制。

2.3.3 车辆整备质量的影响

车辆的整备质量是相对固定的，不会由于超载等原因发生改变。

集装箱半挂牵引车的整备质量介于6000~9000kg之间。

20英尺集装箱半挂车整备质量不超过5800kg；

40~48英尺集装箱半挂车整备质量不超过7000kg。

2.3.4 牵引系统的限制

集装箱半挂车最大额定质量为40000kg，通常采用挂载能力为50000kg的牵引销，其有效竖向荷载传载能力为200kN。

2.3.5 建议的荷载取值

鉴于《公路桥涵设计通用规范》（JTG D60—2004）中公路 I 级车辆荷载取值与集装箱运输车辆设计规范及实际情形的种种相异之处，可以确认公路 I 级车辆荷载取值不适用于采用集装箱运输的物流库中运输车辆相关设施（车道、坡道、卸货面等）的设计。

建议以《道路车辆外廓尺寸、轴荷及质量限值》（GB 1589—2004）、《货运挂车系列型谱》（GB/T 6420—2010）为荷载取值的基本依据，根据《建筑结构荷载规范》（GB 50009—2012）附录 C 确定其等效均布活荷载。

根据《道路车辆外廓尺寸、轴荷及质量限值》（GB 1589—2004）、《货运挂车系列型谱》（GB/T 6420—2010）各位置轴荷限值汇总见表3。

车辆极限轴荷统计一览表　　　　　　　　　　　　　　　　　　　表3

车轴位置	车轴数	单侧轮胎数	单轮着地面积	车轴荷载		单轮轮压限值
				并轴轴距	轴荷限值	
牵引车转向轴	1	1×1	0.2×0.3m²	—	70kN	35.0kN
		1×2			100kN	50.0kN
牵引车驱动轴	2	2×2	0.2×0.6m²	1300mm	190kN	47.5kN
	3	3×2			240kN	40.0kN
半挂车后桥	2	2×2			180kN	45.0kN
	3	3×2			240kN	40.0kN

根据《建筑结构荷载规范》（GB 50009—2012）计算等效荷载时，考虑下述假定：

A. 车道板厚　180mm；

B. 垫层厚度　100mm；

C. 牵引车转向轴车轴荷载仅考虑单侧单轮胎，车轴荷载限值 70kN；

D. 牵引车驱动轴、半挂车后桥并装双轴时，车轴荷载限值 190kN；

E. 牵引车驱动轴、半挂车后桥并装三轴时，车轴荷载限值 240kN；

F. 轮胎着地面积按图2取值；

G. 车轴荷载均按荷载限值取值。

2.3.6　基本车型组合与荷载简图（图3~ 图10）

当次梁布置与车辆行进方向平行时，因各组车轴间距离较大（>2000mm），计算车道板荷载时可不考虑其相互影响，按照牵引车转向轴、牵引车驱动轴及半挂车车轴分别进行验算后取其包络作为等效荷载。

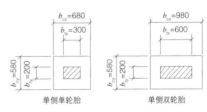

图2　轮胎着地面积计算简图

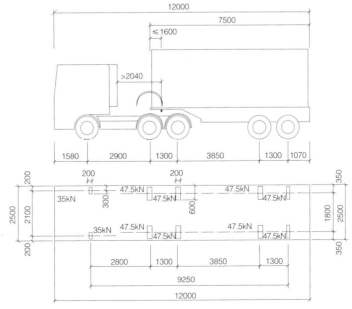

图3　三轴牵引车与20英尺双轴半挂车组合

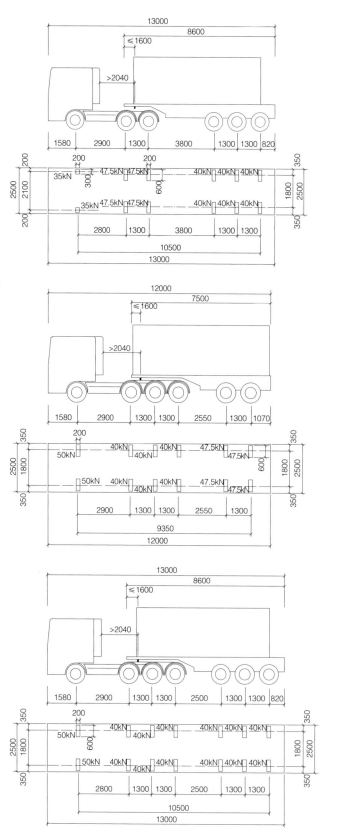

图 4 三轴牵引车与 20 英尺三轴半挂车组合

图 5 四轴牵引车与 20 英尺双轴半挂车组合

图 6 四轴牵引车与 20 英尺三轴半挂车组合

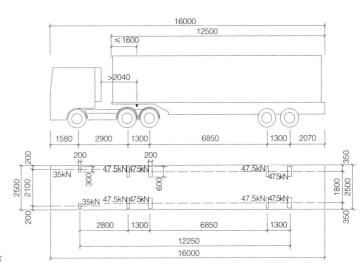

图 7　三轴牵引车与 40 英尺双轴半挂车组合

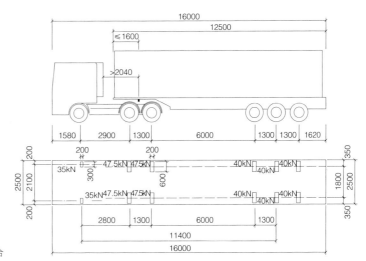

图 8　三轴牵引车与 40 英尺三轴半挂车组合

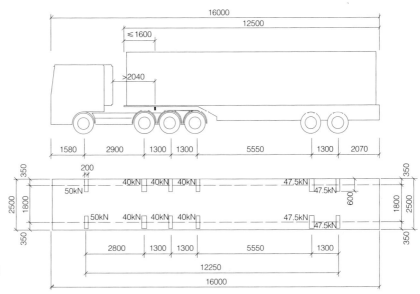

图 9　四轴牵引车与 40 英尺
　　　三轴半挂车组合

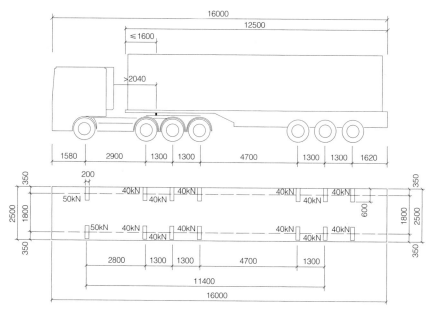

图 10　四轴牵引车与 40 英尺三轴半挂车组合

为简化计算假定同组车轴内各轮胎轮压相等。

车道宽度方向的荷载分布考虑四种工况。其中，单一车辆通行时考虑两种工况（图 11）：

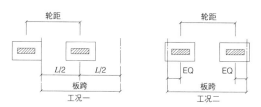

图 11　单一车辆通过时板跨与车轮间关系

其中：单侧单轮胎时　轮距 =2100mm；

　　　单侧双轮胎时　轮距 =1800mm。

双车并行时考虑两种工况（图 12）：

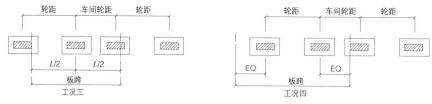

图 12　双车并行时板跨与车轮间关系

其中：单侧单轮胎时　车间轮距 = 1000mm；

　　　单侧双轮胎时　车间轮距 = 1300mm。

四种工况均未考虑连续板跨内荷载对计算板跨的有利影响，且双车并行工况未考虑异组车轴并行的组合。

2.3.7　小结

汇总各工况验算结果，可以得出下述结论：

➢ 等效荷载取值与次梁间距有关，次梁间距加大等效荷载减小。其中，次梁间距介于 2.0~2.5m 时等效荷载近似呈线性关系，当次梁间距大于 2.5m 时变化幅度不大。

➢ 等效荷载取值随主梁跨度的增加而减小，在跨度介于 9~20m 之间时其包络可近似通过直线表达。

根据《物流建筑设计规范》(征求意见稿) 当覆土厚度小于 0.25m 时动载系数取 1.30，表 4 中给出了考虑动载系数后的等效荷载包络与梁跨间的关系。

等效荷载与梁跨间的关系　　　　　　　　　　表4

动载系数	跨度	2.0m			≥ 2.5m		
		板	次梁	主梁、柱	板	次梁	主梁、柱
1.3	9.0m	29.25kN/m²	34.15m	23.25m	26.55m	27.16m	23.25m
	20.0m		19.10m			16.30m	

3　结论

《公路桥涵设计通用规范》(JTG D60—2004) 中规定的公路一级车辆的荷载取值与轮压分布假定与货运车辆实际情形差异过大，本文通过对车辆制造标准、集装箱规格等国家标准的解读对服务于集装箱货车的坡道、装卸货区的荷载进行了分析，并根据《建筑结构荷载规范》(GB 50009—2012) 规定的相关方法分别对不同主、次梁布置的等效荷载进行了计算，并以此为基础，给出了通用物流仓库中坡道、装卸货区的设计中荷载取值的依据。

15

通用物流仓储库设计中的层高研究

谢美龙　盛学文

摘要：2013 年在宝山月浦项目中利用大面积的仓库屋面引入太阳能光伏发电技术以来，层高问题成为太阳能光伏发电技术向多层库推广时的短板，本文结合物流工艺给出二层物流库层高的优化建议。
关键词：二层物流仓库，太阳能光伏发电，层高优化

1　问题的提出

　　通用物流库设计当中，迄今为止，室内地坪设计标高考虑与装卸货月台高度一致，约为 1.30m。其附加土方工程量及基础的填土附加荷载引起的地基处理工程量在工程总造价中占有较大比例。

　　2013 年在宝山月浦项目中利用大面积的仓库屋面引入太阳能光伏发电技术以来，层高问题成为太阳能光伏发电技术向多层库推广时的短板。

2　基本层高分析

　　现行的二层物流库设计方案建筑高度如图 1 所示。

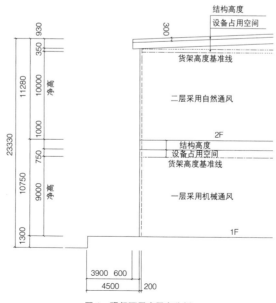

图 1　现行两层库层高分析

即现有设计方案建筑高度为23.33m（国家标准）或为23.33+0.60=23.93m（上海标准），已接近多层厂房的最大高度。

为引入太阳能光伏发电技术，需为汇流箱、电缆沟提供约1.40m高的女儿墙，建筑高度将变为24.73m或25.33m，超过多层厂房的最大高度，需按高层厂房进行设计，或降低层高。

目前，主流通用库的室内外高差被设计为1.30~1.35m，事实上仅装卸货月台及理货区与室外道路的高差需要设计为1.30~1.35m,库区部分的室内外高差只需按防水要求设置为0.4~0.6m即可。

室内外高差为0.60m时，在保证货架区有效高度的前提下，建筑高度可降低至22.63m（国家标准）或为22.63+0.60=23.23m（上海标准），见图2，按国家标准计算建筑高度时，增加女儿墙后建筑高度为24.03m，可通过优化设备、结构空间将建筑高度控制在24.0m以内，上海地区则需综合考虑设备、结构高度及檐口出挑宽度另行分析。

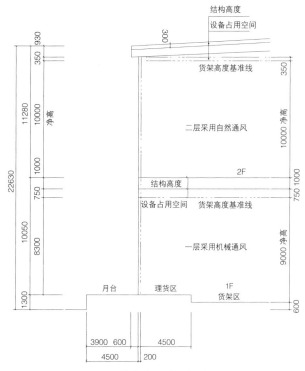

图2 修改后两层库层高分析

3 方案修改后的工艺配合

除特殊地区外，0.600m的室内地坪标高满足防水要求。

装卸货采用接力式，普通叉车负责车厢 ◀━━▶ 理货区，专用叉车（对高度工作行程要求较高的）负责理货区 ◀━━▶ 货架间货物运输。

采用接力式装卸货方式后，较之以前的一站式装卸货方式在效率上有所提高，管理难度有所增加。

对于有温度、湿度等要求的仓库中，优势更加明显。接力式装卸货（方式）与基本工艺要求吻合（室外（常温）◀━━▶ 理货区（过渡）◀━━▶ 储货区（低温））。

4 小结

室内地坪高度修改后减少土方量约 $0.6m^3/m^2$；

减少基础附加荷载约 $18 \times 0.7 = 12.6kN/m^2$；

建筑总高度降低约 0.7m；

接力式装卸货方式可根据货物装卸、货架摆放分别选择叉车类型及配置，优化设备投资且令货物装卸行程大大缩短，提高货车周转频率。

16

物流库太阳能利用经济技术分析

盛学文

摘要：本文通过上海市某物流仓库太阳能光伏发电的投资效益分析，强调绿色建筑设计中建设地区与绿色技术选择的影响，提倡因地制宜的绿色建筑发展策略。

关键词：绿色建筑，太阳能光伏发电

1 引言

前些时候，在为上海市青浦区某物流仓库做绿色建筑建议书的太阳能光伏发电分析篇时发现，太阳能设备厂家提供的材料中使用资料均为上海市宝山区的，经查阅"上海通志"并向当地气象站咨询发现，青浦区和宝山区分别为上海地区日照及太阳能资源最差的与最好的两个区，其日照时数为 1737h，比 2160h 相差 24%，年均太阳能辐射总量为 100kcal/cm²，比 112kcal/cm² 相差 12%。

太阳能辐射总量差异使得在同等条件下的投资回收期相差了整整 1 年，严重影响了业主在项目投资效益分析时的判断。

2 太阳能资源的分布

我国是太阳能资源丰富的国家之一，全国总面积的 2/3 以上地区年平均日照时数大于 2000h，太阳能年均辐射量在 100kcal/cm² 以上。通常，根据年均辐射量的多寡将太阳能资源分为 4 类或 5 类。

3 太阳能资源与投资回收分析

根据国内现有的光伏发电技术水平及投资额，设定基本条件如下：

100kW 机组	占用屋顶面积	2500m²
	设备	100.0 万元
	屋面土建投资增加额	7.5 万元
	光伏发电综合效率	0.80
	光伏发电效率折减	10%/10 年
	光伏设备寿命	20 年
	基本电价	1.10 元 /kWh
	光伏发电国家补贴	0.42 元 /kWh

电价年增幅　　　　　　2%

贷款利率　　　　　　　4.5%

随着太阳能资源的差异，投资回报年限在 5~10 年不等，具体如表 1 所示。

太阳能资源与投资回收分析　　　　　　表1

地区	太阳能年均辐射量 （kcal/cm²）	投资回收年限 （年）	净效益额 （万元）	年均效益率
资源丰富区	≥ 175.0	≤ 5	≥ 373.55	≥ 17.37%
	≥ 150.0	≤ 6	≥ 293.65	≥ 13.66%
资源较丰富区	≥ 130.0	≤ 7	≥ 240.89	≥ 11.20%
资源可利用区	≥ 120.0	≤ 8	≥ 205.41	≥ 9.55%
	≥ 110.0	≤ 9	≥ 180.19	≥ 8.38%
资源欠缺区	≤ 100.00	≥ 10	≤ 144.65	≤ 6.73%

可以看出，资源丰富区及较丰富区投资收益状况良好，均可保证在 7 年内回收设备投资，设备寿命周期内年均效益率不低于 10%。

资源可利用区设备投资回收年限在 7~10 年间，有一定的投资价值。

资源缺乏区投资回收年限不少于 10 年，净盈利年份不足设备寿命的 1/2，缺乏投资价值。

4　小结

物流仓储库大量闲置的屋顶面积，用于太阳能光伏发电无疑是绿色建筑的一大亮点，鉴于各地区太阳能资源的差异应采用不同的策略：在资源丰富区和资源较丰富区（西部地区）可大力推荐，在资源可利用区（中原大部、东南沿海及东北地区）应在向当地气象部门调查太阳能资源状况的基础上，慎重选择太阳能光伏发电的应用，而资源欠缺区（川贵、湖南、江西北部）则应考虑其他利用闲置屋顶面积的绿色技术。

17

高压细水雾灭火系统的设计与探讨

柯景仪

摘要：高压细水雾灭火系统是目前国内外绿色消防技术发展的前沿，它作为一种新型的水消防灭火技术，其绿色、环保、节能和经济的特性，正越来越多地引起国内外人士的关注。本案里，设计人员旨在探讨"绿色、环保、安全、可推广应用"消防系统，从灭火能力、环保、对保护对象和场所人员的安全性、经济性等方面对高压细水雾灭火技术的应用进行了有益尝试，为绿色工业建筑中的绿色消防设计作一些探索。

关键词：绿色消防技术，高压细水雾

1　引言

　　现代工业建筑 18 世纪后期最先出现于英国，后来美国以及欧洲一些国家也兴建了各种工业建筑。中国在 1950 年代才开始大量建造各种类型的现代工业建筑，改革开放后，随着国内工业生产技术不断提高，生产工艺变革和生产产品更新换代更加频繁，越来越多的高新技术工业建筑出现了。这些工业建筑向大型化和微型化两极发展，普遍要求在使用上具有更大的灵活性，以利企业生产更新发展和扩建，以及便于运输机具的设置和改装；同时，厂房内的生产设备更先进、更贵重，自动化程度更高，工作环境更安全舒适，厂房总体造价也不断提升。因此，对消防设施的要求也越来越高。许多厂房在建设初期就提出消防和安全方面要满足国际 FM 认证或者购买国内保险公司的保险。

　　环境保护作为我们国家的基本国策，是实现社会可持续发展的基础。近年来国家制定了许多绿色发展和建设资源节约型、环境友好型社会的方针和政策，绿色建筑已经成为中国建筑业发展的方向。其中，绿色民用建筑正如火如荼地展开；而工业建筑作为建筑行业的重要组成部分，由于它对环境的高污染、高能耗的特点，更加符合绿色建筑的发展方向。2013 年 8 月国家正式出台了《绿色工业建筑评价标准》，这个标准的出台对在工业建筑设计领域和工业工程建设领域大力推广绿色工业建筑起到了积极的作用。

　　对于绿色工业建筑来说，绿色消防技术同样也是其重要的组成部分，有着广阔的发展空间和前景。火灾的过程会燃烧产生大量的环境污染物质；灭火的过程也能产生大量的环境污染物，比如灭火剂哈龙的使用，能破坏大气臭氧层；比如扑灭工厂化工产品火灾产生的废水会污染环境水体等。

　　在我国，消防是一个发展比较晚的学科，但随着消防科技的发展，绿色灭火剂和新型灭火设备的开发和应用得到迅猛发展。例如：新型灭火剂的使用，降低对大气臭氧层的破坏；水喷雾灭火系统的使用，大大降低环境影响。特别是其中的高压细水雾灭火系统的使用。它与传统的喷淋系统相比，

具有：用水量极低，有效灭火时间非常短，对环境污染少的特点，并且能在多类场所替代气体灭火系统，是一项目前国内外绿色消防技术发展前沿的技术。

2 细水雾灭火系统技术

早期的细水雾主要用于船运等特殊场所，1993年美国成立了消防联合会细水雾灭火系统技术委员会，该委员会开始编制用于规范细水雾技术的NFPA标准，作为设计和安装的依据。1996年提交了细水雾规范。同年96版NFPA 750被批准为美国国家规范。2001年8月，中国公安部消防局发布了公消[2001]217号文，该文规定在我国可以使用高压细水雾等作为哈龙替代品。之后从2002年开始，浙江、北京、广东等各地陆续推出了《细水雾灭火系统设计、施工及验收规范》的地方标准，并最终于2013年12月住房和城乡建设部发布了《细水雾灭火系统技术规范》国家标准。

"细水雾"（water mist）是相对于"水喷雾"（water spray）而言的，所谓的细水雾，是使用特殊喷嘴、通过高压喷水产生的水微粒。在NFPA 750中，细水雾的定义是：在最小设计工作压力下、距喷嘴1m处的平面上，测得水雾最粗部分的水微粒直径Dv0.99不大于1000μm。

细水雾灭火系统按照压力来区分，通常分为：低、中、高压系统。低压工作压力小于12.1bar；中压工作压力为12.1~34.5bar；高压工作压力大于34.5bar。按照应用方式来区分，有：全淹没式、局部应用式和区域应用式细水雾灭火系统。

细水雾主要是通过降温、窒息和隔绝热辐射这三大作用来控制、抑制并最终达到灭火作用的。因为细水雾颗粒小，表面积比普通水滴大几千倍，在汽化的过程中能迅速吸收火场范围内的热量，降低火场温度；同时，喷入火场的细水雾，汽化为蒸汽后，体积急剧增大，从而降低了火场氧气量，并在火源与新鲜空气之间建立起隔离的屏障，从而降低火灾现场氧气含量，隔绝火场的热辐射对周围物质的传导，有效阻隔了火灾的蔓延，同时也有效保护了消防灭火人员的安全。颗粒大的水雾喷射到燃烧物体的表面，湿润燃烧物，从而达到控制和灭火的作用。

高压细水雾灭火系统作为细水雾灭火系统中的一类，它适用于扑救A类、B类、C类和电气类火灾。由于它具有很强的灭火能力和绿色环保特点，可广泛地适用于多种场所，目前国内正积极地探讨它取代气体灭火系统和传统水消防系统的可行性。

高压细水雾灭火系统与以往各类型灭火系统的性能对比如下。

（1）高压细水雾灭火系统与传统自动喷淋灭火系统相比（表1）

高压细水雾灭火系统与传统自动喷淋灭火系统相比　　　　　表1

	高压细水雾灭火系统	传统自动喷淋灭火系统
适用对象	A、B、C类及电气火灾（除了与水能发生反应的金属物质火灾）	A类固体火灾
灭火机理	强降温、窒息和隔绝热辐射	降温
用水量	喷雾强度0.19~3L/（min·m²） 灭雾时间10~30min	喷水强度4~12L/（min·m²） 灭水时间1~2h
对保护设备的影响	影响非常小	影响大，特别对电气设备或保护对象造成损坏
对环境的影响	基本无影响	水渍损失大
管径、消防水池及占用空间	管道直径为10~40mm 消防水池容积几立方米 占用空间小	管道直径为25~200mm 消防水池容积几百立方米 占用空间大
使用管材	无缝不锈钢管	镀锌钢管

（2）高压细水雾消火栓与室内消火栓灭火系统的比较（表2）

高压细水雾消火栓与室内消火栓灭火系统的比较　　　　　　　　　　　　　　　表2

	高压细水雾灭火系统	室内消火栓灭火系统
适用对象	A、B、C类及电气火灾（除了与水能发生反应的金属物质火灾）	A类固体火灾
灭火机理	强降温、窒息和隔绝热辐射	降温
用水量	20~30L/min	300L/min（5L/s）
保护半径	高压胶管可以加长	水龙带长20~25m左右，用充实水柱计算
对保护设备的影响	影响非常小	影响大，特别对电气设备或保护对象造成损坏
对环境的影响	基本无影响	水渍损失大
管径、消防水池及占用空间	管道直径为10~32mm 消防水池容积几立方米 消防水龙带展开空间小 占用空间小	管道直径为65~250mm 消防水池容积十到几百立方 消防水龙带展开空间大 占用空间多
操作人员	系统反作用力小，常人均可操作和适用	反作用力很大，非消防人员无法操作
使用管材	无缝不锈钢管	镀锌钢管

（3）它与几类常用的气体灭火系统的比较（表3）

高压细水雾灭火系统与几类常用的气体灭火系统的比较　　　　　　　　　　　　　表3

	气溶胶 气体灭火	七氟丙烷 气体灭火	二氧化碳 气体灭火	细水雾 灭火系统
对A、B、C及电气类火灾的灭火效果	不能扑救A类阴燃火，以及不能用于易燃易爆场所	在空间密闭效果好的情况下，能有效地灭火	在空间密闭效果好的情况下，能有效地灭火	能有效扑灭火灾，并且还能承受火灾现场一定的通风
灭火剂环保性能及毒性	无毒	七氟丙烷本身的毒性在浓度超过10%时长时间生命有危险；高温下的分解物具有的危害性	环保，但浓度大于20%会使人体致命，灭火浓度为大于34%	环保及无毒，并能降低火灾现场的烟尘、一氧化碳和二氧化碳的含量
灭火后对环境的影响	无影响	有影响	有影响	无影响
对保护对象的影响	普通型有少量残留物，S形气溶胶具有较高的洁净度	有腐蚀性	较小影响	较小影响，但通过合理设计，可以将影响减小到最低
灭火后的二次损失	无二次损失	腐蚀性将造成二次损失	二次损失小	用水量小，水浸损失可以控制

3　工程应用

　　某全球500强国际集团，近年来发展迅速。它在发展壮大的同时，十分注意积极打造"节能、减排、绿化、循环"的绿色企业，无论是在企业管理还是厂房建设方面，都积极地贯穿绿色、节能的概念。

　　从2004年起，随着企业高速发展，在全国各地大量建设了许多先进的电子生产厂房，其中一些厂房还安装了机器手等全自动生产设备。通过这些厂房多年的管理，业主发现虽然厂房购买了保险，但是一旦发生火灾事故，即使没有受到火灾的机器设备，由于灭火过程及之后水渍的损失非常大，厂房内部许多生产设备都损坏、无法使用，复产的时间和周期都很长，对企业高速运转造成较大影响。因此，业主在注重消防安全的同时，一直都在全球范围内积极寻找一种灭火效率高、火灾影响小（最大限度地保护不受影响的机器设备）、操作容易（普通员工都可以操作）的灭火系统。几年下来，经过多次现场模拟试验，该企业决定在新建的一个项目中尝试使用高压细水雾系统。

3.1　项目概况

　　某科技园区规划总用地面积为512200m²，总建筑面积约为922850m²。整个园区包括A厂区、B厂区和生活区；其中B厂区包括8个厂房、2个机电附房和化学品仓库。其中，所有的厂房内计划配置高压细水雾消火栓系统；化学品仓库设置高压细水雾固定灭火系统替代一直使用的七氟丙烷气体灭火系统。

3.2 高压细水雾消火栓系统

本项目高压细水雾消火栓系统为闭式、区域应用、泵组式系统，由消防水箱、高压泵组、固定管网、高压细水雾消火栓组成。操作方式与传统的消火栓接近，人工通过消火栓旁按钮启动高压细水雾泵，将消防水加压后，通过管网输送到每个高压细水雾消火栓处，由组合喷枪喷雾灭火。

（1）整个系统的构造图（图1~图3）

（2）水源和水质

根据国内各地出版的《细水雾灭火系统设计、施工和验收规范》以及产品制造商的建议和产品需求，水质方面只需要满足现行国家标准《生活饮用水卫生标准》（GB 5749）的要求即可。因此，本工程整个系统采用市政自来水作为水源，而不必采用纯净水。

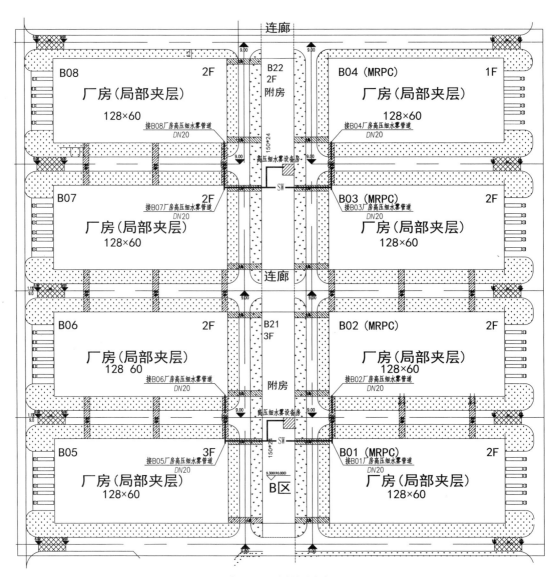

图1　高压细水雾消火栓系统总平面图

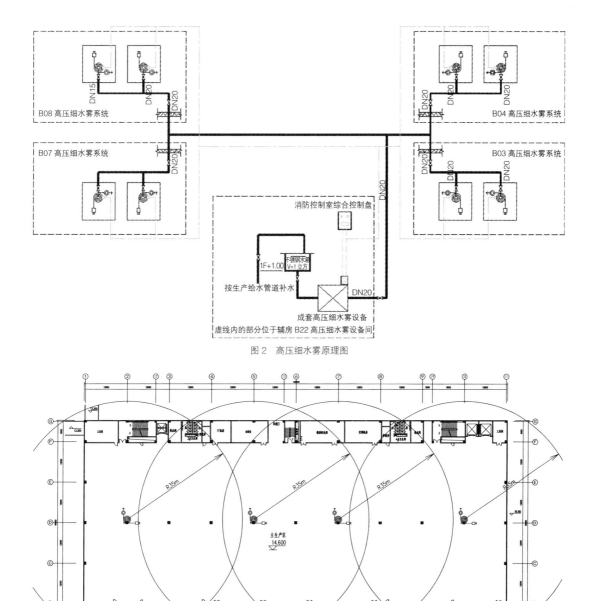

图 2　高压细水雾原理图

图 3　厂房内各层细水雾消火栓布置平面图

（3）供水设备

在厂区设备附房的一层设置的专门消防设备间内，放置成套的高压细水雾设备。成套高压细水雾设备由贮水箱、消防水泵、水泵控制柜（盘）、安全阀等部件组成，自带控制、通信接口和稳压系统。

因整个系统总用水量不大，按照地方标准中的灭火延续时间，设置了一个 $1m^3$ 的不锈钢消防水箱，即可满足整个高压细水雾消防系统的总用水量。

高压细水雾设备参数：扬程 H=12MPa，流量 q=6.0L/min，功率 N=7.5kW/380V，一用一备，消防水泵应具有自动和手动启动功能，并定时自动巡检。整个设备间建筑面积仅 $20m^2$ 左右。

（4）高压细水雾消火栓箱

各个主厂房每层配置 4 套成套高压细水雾消火栓。包括：箱体、高压水枪、转盘、水带、球阀、高压快速接头及消防按钮等设施。

其中：组合喷枪包括高压水雾喷头及高压水柱喷头各一套，可以根据火灾现场的状况，喷枪处水压的不同，改变喷枪喷雾的远近。近程喷雾时，喷雾面积大，可洗涤净化火场烟尘、对火场进行降温，并且可为消防队员开辟救援通道；远程喷雾时，可用以直接喷雾灭火。室内卷盘软管采用高压橡胶软管，专用管接头连接。特别说明，用以连接高压细水雾消防水喉的高压胶管长度，可根据需要定制。

图 4 为组合喷枪的远近两种喷雾状态。

高压细水雾消火栓箱外形与普通室内消火栓箱一致，箱体材料采用铝合金等金属材料（图 5）。

普通的室内消火栓内装设长度为 20 或 25m 的 DN65 的麻质衬胶水带（或尼龙水带）和 DN19 的消防水枪。它在现场展开的时候需要比较大的空间，在使用的时候，由于反作用力大，必须是专业消防人员才可使用。而高压细水雾消火栓是 DN15 的高压胶管卷盘和组合喷枪，它在现场打开的时候需要的场地小，更加容易，且反作用力小，普通人都可以操作。

（5）系统的控制要求

在每支高压细水雾水枪旁边均设置直接启动高压细水雾设备的启动按钮，成套高压细水雾设备可以就地启动 / 关闭；同时，消防控制中心可以远程启动高压细水雾设备，消防控制中心控制盘可以显示成套高压细水雾设备的运转状态（开 / 关）及系统压力情况。

（6）高压细水雾管网

整个系统管道应采用 SS304L 不锈钢管道，连接方式采用氩弧保护焊接，阀门均采用高压球阀，管道及阀门管件选用 16MPa 等级；管道与支吊架之间采用橡胶垫或石棉垫绝缘，支吊架间距不大于 2.2m。

图 4　组合喷枪的远近两种喷雾状态

图 5　高压细水雾消火栓箱的外形与箱体材料

3.3　高压细水雾固定灭火系统

本工程的化学品仓库分区储存了大量的油漆、天那水、乙醇等各种甲类化学物品。以往都是采用七氟丙烷气体灭火系统，而本工程结合当地发行的细水雾灭火系统设计规范，设置了高压细水雾固定灭火系统替代气体灭火系统。

（1）平面概况

化学品仓库面积为 241.60m²。根据储存物品分类，分为三个独立仓库，每间仓库为独立防火分区。三间仓库共用一套高压细水雾灭火系统进行消防保护。平面布置图如图 6 所示。

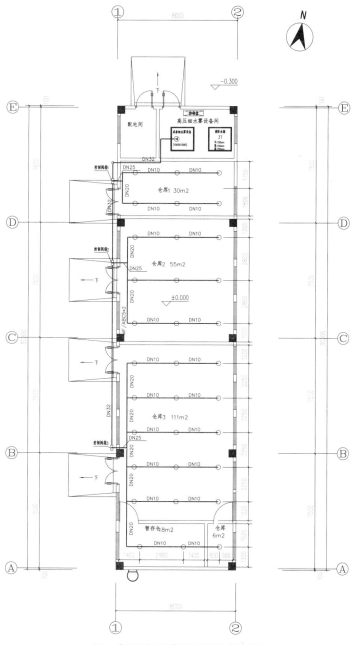

图 6　高压细水雾固定灭火系统的平面布置

（2）系统及设备

整个系统采用开式、全淹没、泵组式高压细水雾灭火系统，工作压力不小于10MPa，由高压泵组、开式分区阀箱、开式喷头、供水系统和不锈钢管道等组成。水源采用市政自来水。

系统原理图如图7所示。

高压细水雾设备主机房设置在化学品仓库细水雾设备间内。内设成套细水雾供水设备，自带控制、通信接口和稳压系统。

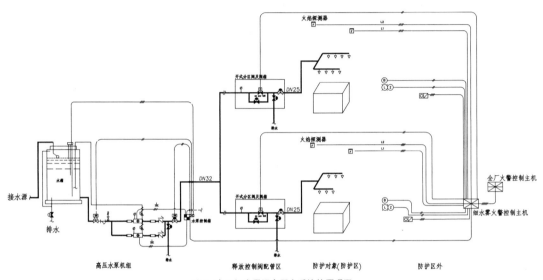

图7 高压细水雾固定灭火系统的原理图

（3）系统参数

各个分区详细参数见表4。

系统各个分区的详细参数   表4

保护场所	保护面积（m²）	喷雾强度（L/(min·m²)）	喷头最大安装高度（m）	喷头最低工作压力（MPa）	喷头最大间距（m）	喷头数目
仓库1	30	1.28	5	10	3	6
仓库2	55	1.04	5	10	3	9
仓库3	110	1.05	5	10	3	18

根据设计规范的要求，持续喷雾时间大于20min。

喷头采用K=0.64的开式细水雾喷头（在10MPa压力下，喷头平均流量6.4L/min），其喷雾强度满足以上规范的相关要求。本系统的设计流量按最大一个防火分区发生火灾时，该区域内的喷头全部启动时的喷雾量进行计算。计算结果该项目的设计流量为138L/min。

消防泵组选用规格为150L/min，10MPa的高压柱塞泵1组（共2台，1用1备）。水泵电压AC380V，功率37.5kW。供电负荷等级为一级负荷，采用消防专用回路供电，并提供消防备用电源。

本系统设水箱一个（3m³容量），水箱所需水源直接从生活或消防用水管道取水，灭火时应给水箱有效补水，该系统可持续喷雾20min。

高压细水雾灭火系统采用SUS304不锈钢管道，氩弧保护焊接。管道与支吊架之间采用橡胶垫或石棉垫绝缘。高压细水雾系统施工前，必须由专业厂家提供详尽准确的施工安装及验收要求，以

确保工程的可靠性。

（4）系统控制

它和报警系统联动后，对防火区进行自动或手动灭火。

①自动灭火程序：着火区域内两路火灾探测器均确认发生火灾后，通过报警主机给水泵控制柜和着火区域的分区阀箱发送信号，高压泵组及补水泵自动启动，对应分区阀打开，该区域便开始喷雾灭火。

②手动灭火程序：若人员已经确认发生火灾，而该区域的灭火系统还没有启动，可通过手动操作，使该系统喷雾灭火。

4　高压细水雾系统设计的一些体会

目前，国内建筑消防设施方面，室内消火栓灭火系统、自动喷淋灭火系统、气体灭火系统和建筑灭火器被广泛使用。但是在一些工业或民用场所，它们也还是存在着一定的局限性。首先，一旦发生火灾，灭火后火场水渍损失较大，复产时间长；第二，火场产生的烟雾会延误灭火人员的灭火进度，并耽误灭火时间，增大损失；第三，烟雾的窒息作用也会给灭火人员和逃生人员造成很大的身体伤害；第四，灭火后还会造成环境二次污染等这些问题。如果能采用高压细水雾灭火系统，可以发挥它的灭火能力强、净化烟雾效果好、消防用水量低、水渍损失小的绿色消防特点，从而将火灾损失控制在最小的范围内，为业主争取最大的经济效益。

虽然高压细水雾有以上不少优点，但是如果要进行设计或者实际使用，还需要多方面的努力，去解决和完善它存在的一些问题。

首先，国家标准规范的不明确。2006年版国标《建筑设计防火规范》和2005年版国标《高层民用建筑设计防火规范》作为我国工业和民用建筑消防设施的主要防火设计国家标准，只在飞机发动机试验台场所同意时可使用细水雾灭火系统，其他场所都没有提到可使用细水雾灭火系统的设计要求。但欣喜的是2005年版国标《人民防空工程设计防火规范》、2006年版国标《火力发电厂与变电站设计防火规范》和2010年版行标《档案馆建筑设计规范》已经扩大了一些细水雾灭火系统的使用场所；同时，2013年国标《细水雾灭火系统技术规范》也将要发行。

第二，地方标准的内容没有关于移动式高压细水雾消火栓系统。虽然目前各地都出版了一些细水雾的行业设计规范，比如：各地的《细水雾灭火系统设计施工及验收规程》等，但大多数还主要是适用于固定式细水雾灭火系统，它是类似管网式气体灭火系统或者自动喷淋系统的固定管道布置形式，而可移动式的细水雾消火栓灭火系统几乎还没有谈论到。

因此，为了满足国内消防规范，我们在这个项目的设计过程中，依然按照现行的国家消防规范设计了普通消火栓灭火系统以及传统的自动喷淋灭火系统，并在此基础上增加了高压细水雾消火栓系统，作为补充。

第三，由于没有规范指引，对于高压细水雾消火栓系统如何设计才能保证安全合理的使用，我们作了如下的摸索和探讨：

（1）高压细水雾消火栓的保护半径和位置：对于传统的室内消火栓，保护半径根据水龙带的长度和充实水柱的有效保护距离来确定。但对于高压细水雾消火栓，我们主要是考虑到细水雾消火栓箱体的尺寸大小不希望做得非常大，一般考虑与普通的消火栓箱尺寸一样，而这样的体积，放下40m长的 DN15 高压细水雾高压胶管卷盘比较合适，考虑到火灾现场的障碍物的影响，所以保护半径基本按照35m左右取值。但是用以连接高压细水雾水枪的高压胶管长度，是可根据需要定制的。高压细水雾消防水喉的保护间距是否可以适当放宽，值得业内人士考虑。

另外，传统的普通消火栓要求任何一个点都要有两个消火栓保护，但本工程没有按照这个要求布置，这样的方式是否合理，也是需要试验和探讨的。

（2）高压细水雾消火栓管网和阀门：现行室内消火栓系统和自动喷淋系统规范都要求消防给水管采用环状给水管。但高压细水雾消火栓管网考虑到系统压力高，包括吊架和支架的做法都要求严格；另外，管道距离太长，整个管网水力损失比较大；不锈钢管道相对价格贵，管径不适合放大太多；管道材料耐久性好，连接方式比普通消火栓管道要求更高。因此，整个系统采用分多区给水、设置多套供水设备的小范围供水系统形式，将每个系统的供水范围控制在几间厂房，整个给水管网为枝状管网。这样的考虑是否合理，还需要等待系统实际运行后再评估。

同时，因给水系统是枝状管网，所以管道检修阀门只设置分片区、分单体控制的检修阀门。

第四，对于化学品仓库、危险品仓库等工业场所，我们将高压细水雾灭火系统和各类气体灭火进行对比，并现场安装实际使用高压细水雾灭火系统一段时间后，确认这个系统的除了前面叙述的与气体灭火对比的优势区别外，还有一些优点非常明显。比如由于采用气体灭火对环境封闭性要求较高，但很多场所实际现场密闭并不那么严格，且有的火灾是发生在正在搬运过程中，卷帘门处于开启状态，这时气体灭火无法达到密闭的状态，因此大大影响了灭火效果。而高压细水雾灭火系统对环境封闭性要求不高，甚至还可以有少许的通风，因此更适合现场实际使用的状态；且设备占用的空间非常小，基本不占用仓库空间，对于后期设备维护保养非常方便；灭火系统的后期运营费用非常便宜；灭火后系统恢复、重新投入使用的费用非常低；而灭火过程能降低火场温度，很好地改善逃生环境。

5 结论

经过几年运营和观察使用的情况，高压细水雾系统经过不断摸索、改进和完善，基本得到业主的认可。业主在其他各地后续新建的厂房中，都把安装高压细水雾消火栓系统作为企业工厂的绿色消防、绿色工业建筑的一个重要部分。同时，由于系统操作十分方便，企业的安全科定期对各个地方的企业内部消防专职人员进行培训，并力争达到普通企业人员都能熟悉和操作、使用这套设施，为更早地发现、扑灭火灾，将企业损失降低到最低点作出更大的努力。

作为国内一种起步不久、新兴的消防系统，高压细水雾系统正以其高效的灭火能力、火场烟尘净化效果好、火场降温速度快、灭火救援后水渍损失小、系统操作使用简便、系统原材料少、管网占用空间小、相关设备机房占地面积小等绿色消防特性，在工业建筑消防领域得到越来越多的应用。同时，我们更相信它在民用建筑领域能得到更加广泛的应用。

参考文献

[1] 广东省建设厅.细水雾灭火系统设计及施工及验收规范（DBJ-T15-41-2005）[S].

[2] 山西省建设厅.细水雾灭火系统设计及施工及验收规范（DBJ04—247—2006）[S].

[3] 中国建筑科学研究院等.绿色工业建筑评价标准（GB/T 50878—2013）[S].北京：中国建筑工业出版社，2013.

18

电气专业在绿色建筑设计中的内容和作用

王纪元

摘要：通过归纳整理绿色建筑、建筑节能中有关电气专业的内容，认识和理解电气节能的作用和设计做法，对绿色建筑设计有所帮助。

关键词：绿色建筑，电气节能，智能化

2013 年 1 月 1 日，国务院转发了国家发改委和住房和城乡建设部的"绿色建筑行动方案"，对绿色建筑的实施目标、任务、措施等进行了全面细致的规划和要求。由此，绿色建筑进入了快速推进发展阶段。

为了全面理解、掌握绿色建筑相关规范的内容，尤其是自身电气专业的相关内容，结合我司报审的绿色建筑设计项目，将国标和上海地标《居住建筑节能设计标准》和《公共建筑节能设计标准》，以及《绿色建筑评价标准》中有关电气专业的条文内容归纳整理、对照分析。通过自己梳理归纳，对电气专业在绿色建筑设计中的内容和作用有了较为清晰的认识和理解。因国标与上海地标内容基本相同，比较而言，上海地标更为详尽。今将以上海地标为主归纳的相关内容与大家共享交流，并对部分条文内容谈一点体会和感想。

在上述绿建和节能标准中有关电气专业的内容大体上可归纳为以下四个方面：

照明节能、供配电系统节能、建筑设备节能和建筑智能化。

1 照明节能

1.1 照度及功率密度值。照明设计应满足《建筑照明设计标准》（GB 50034）对照度标准、照明均匀度、统一眩光值、照明功率密度值（LPD）等指标的要求。见《居住建筑节能设计标准》7.0.1 条 1 款；《公共建筑节能设计标准》6.1.1 条；《绿色建筑评价标准》5.2.5（国标 5.2.4）、5.2.22（国标 5.2.19）及 5.5.5（国标 5.5.6）条。

1.2 光源与灯具。公共场所和部位的照明光源与灯具应选择高效节能型光源和灯具，优先采用荧光灯和高效气体放电灯。并应选配电子整流器或节能型电感整流器。见《居住建筑节能设计标准》7.0.1 条 2 款；《公共建筑节能设计标准》6.2.1~3 条；《绿色建筑评价标准》4.2.9（国标 4.2.7）条。

1.3 照明控制。居住建筑内公共部位照明应采用节能自熄开关（电梯厅除外）。公共建筑内大面积房间应采用分区控制，特殊位置应采用时间控制或调光控制。办公室内靠窗的灯具应采用独立控制。室外道路和景观照明应采用时间控制或光电控制。详见《居住建筑节能设计标准》7.0.1 条 3 款；《公共建筑节能设计标准》6.3.1~6 条；《绿色建筑评价标准》4.2.9（国标 4.2.7）、5.2.15 条。

1.4 自然光源和太阳能灯具。建筑物内应充分利用自然光源，条件许可时，宜采用太阳能照明，

如设计导光筒、太阳能路灯等。详见《居住建筑节能设计标准》7.0.1条4款；《公共建筑节能设计标准》6.4.1~5条；《绿色建筑评价标准》5.2.21（国标5.2.18）条。

2 供配电系统节能

2.1 应选用节能型配电设备，提高电能利用率。见《公共建筑节能设计标准》7.1.1条。

2.2 变配电房应靠近负荷中心，缩短低压供电线路的长度，减少电压损失。室内低压配电线路的总长度不宜超过250m。见《公共建筑节能设计标准》7.2.1、7.2.4条。

2.3 配电设计时应尽量达到三相负荷平衡，三相负荷的不平衡度宜小于15%。见《公共建筑节能设计标准》7.2.3条。

2.4 无功补偿一般采用低压集中补偿，但当用电设备组补偿容量大于100VAR且离变电所较远时，宜采用就地补偿方式。对荧光灯及其他气体放电灯，当采用节能型电感整流器时，也应采用分散就地补偿方式。见《公共建筑节能设计标准》7.2.6条。

2.5 应选择供电系统中的最不利回路进行压降校验。电力干线的最大工作压降不应大于2%，分支线路的最大工作压降不应大于3%（合计不大于5%）。见《公共建筑节能设计标准》7.2.7、7.2.8条。

3 建筑设备节能

3.1 不应采用电热锅炉、电热水器等直接电加热式供暖设备。见《居住建筑节能设计标准》6.0.7条；《绿色建筑评价标准》5.2.3（国标5.2.3）条。

3.2 合理选用、配置电梯。电梯采用群控方式，降低运行能耗。参见《居住建筑节能设计标准》7.0.2条；《绿色建筑评价标准》5.2.15条。

3.3 新建的公共建筑，冷热源、输配系统和照明等各部分应进行独立分项计量。见《绿色建筑评价标准》5.2.6（国标5.2.5）条。

3.4 电能监测系统应按照明插座用电、空调用电、动力用电和其他用电四项分类分项计量（当末端风机盘管、排气扇等小容量设备难以单独计量时，可以纳入照明负荷）。见《公共建筑节能设计标准》7.3.1条1~4款。

4 建筑智能化

4.1 建筑电气设备宜采用智能化控制系统。公共建筑智能化系统应定位合理，符合现行国家标准《智能建筑设计标准》（GB/T 50314）规定及建筑功能需求。住宅区智能化系统应包括安全防范子系统、管理与设备监控子系统和信息网络子系统等基本配置，并要求技术先进、实用、可靠。见《绿色建筑评价标准》4.6.5、5.6.8（国标4.6.6、5.6.8）条。

4.2 智能化系统在运营管理中应注重定期维护保养，应有完整的运行维护记录。建筑设备自动监控系统应保证高效运行。见《绿色建筑评价标准》4.6.9、5.6.10（国标5.6.9）条。

5 体会和感想

5.1 在绿色建筑设计和评价标准中，绿色照明是主要内容之一，其中照明功率密度值是重中之重。在《建筑照明设计标准》（GB 50034）中，涉及办公、商业、旅馆、医院、学校和工业建筑等的照明功率密度限值全部是强制性条文（6.1.2~7 条）。《居住建筑节能设计标准》和《公共建筑节能设计标准》均将照明功率密度值列为照明节能部分的头条。在《绿色建筑评价标准》公共建筑节能部分控制项 5.2.5 条规定：各房间或场所的照明功率密度值不应高于《建筑照明设计标准》（GB 50034）规定的现行值，在对应的优选项 5.2.22 条规定不应高于照明规范的目标值。从以上这么多条文可见这项内容的重要程度。

个人的体会是设计师要详细查阅《建筑照明设计标准》（GB 50034），在设计中分清建筑平面中各房间或空间的功能，严格按照规范标准计算和设计。并特别注意在电气设计总说明中将各类场所的照度标准和照明功率密度值罗列清楚，只要按照规范全面、准确地进行设计，这项内容即可达标。

5.2　有关公共建筑内的照明控制，我们在以往的设计项目中，针对部分较为高档的商务楼和办公写字楼设计了智能照明控制系统。智能照明控制系统集分区控制、调光控制、时间控制等于一体，技术先进且可与建筑智能化主系统联网。目前，该类产品也很多，今后可在大多数同类项目中采用，也可在工业物流库项目中采用。对有些中小公建项目可部分楼层或局部采用。

5.3　供配电系统节能，有一些内容需要分析对比才能选定最佳方案。比如变配电房应靠近负荷中心。这一条在所有供配电设计规范中都有，设计师也都熟知。但是在实际项目中要酌情处理。比如我公司这些年完成了大量物流园（库）项目的设计，物流库项目的特点是面积和场地范围很大，单栋库房长度最大 300m 以上，宽度 100m 以上。物流库用电指标很低（约 15~30W/m²），若按照低压配电半径不超过 250m 的规定，则物流园区要设计很多小容量变电房。再加上消防备用电源，变电房数量和位置很难确定。针对上述情况，我们分析比较后采用多点分设小容量变电房，并适当增设二级配电间，在规范允许的电压损失指标内，尽量缩小低压配电半径，确实线路偏长时，可通过核算电压损失和短路保护两项参数，适当加大导线截面。

5.4　在绿色建筑设计和评价标准中，有关电气专业的内容，一部分体现在设计图纸中（动力、照明平面图和配电系统图），还有一部分内容反映在设计说明或设备材料清单中。比如照明灯具的选型、变配电设备的选型等都是在电气设计总说明中集中叙述。为了满足绿色建筑节能环保的要求，设计说明中要专设节能专篇或绿色建筑专篇详细表述。此外，还有一部分相关专业的绿建设计内容需要电气专业配合出图，如室内空气质量空调通风专业设置地下车库的一氧化碳和地上室内公共空间的二氧化碳监测点并联动相关风机。因此，电气专业需要设计相关监测线路平面图，并可将该空气质量控制系统纳入项目的 BA 系统。

5.5　建筑智能化系统包含很多内容（或者说子系统），其中信息网络子系统和安全防范子系统是基本配置，一般都设计完善。设备管理系统或 BA 系统视建筑规模及层次不同，以往的设计项目我们有的在施工图阶段做了设计图（大型重要项目或与业主确认需要做该部分内容的项目），也有一部分项目只做到初步设计（或总体设计）阶段，施工图没有做。今后为满足绿色建筑智能化系统的要求，要将 BA 系统落实到施工图中。

5.6　在全国范围内，各省（市）绿建标准（地标）之间及与国家标准（国标）之间略有区别和差异。这些差异正体现了因地制宜的原则，给我们对不同地域的绿色建筑设计工作提供了更加明确的指导。今后我们还要了解、学习更多省市的相关标准，为绿色建筑向前发展贡献自己的一份力量。

参考文献

[1]　绿色建筑评价标准（GB/T 50378—2006）[S].

[2]　绿色建筑评价标准（DG/TJ08-2090-2012）[S].

[3]　居住建筑节能设计标准（DGJ08-205-2011）[S].

[4]　公共建筑节能设计标准（DGJ08-107-2012）[S].

19

浅谈生态节能软件在建筑规划设计中的应用——南通崇川经济开发区总部经济产业园

何瑞华　鲍　冈

摘要： 随着我国经济的飞速发展和能源问题的日益严重，生态绿色建筑设计变得越来越重要。本文运用实例分析的方法，在规划设计过程中运用生态节能软件对场地的自然条件进行阐述和分析，力图提炼出对当前生态绿色建筑设计有指导意义的方法和策略。

关键词： 可持续发展，绿色节能，风环境，光环境

1　概况

崇川经济开发区是南通市 2008–2030 总体规划中七个工业片区之一，主导产业包括数字视讯电子、新能源、船舶工业研发、现代物流、服务外包等。崇川经济开发区位置得天独厚，配套设施完善，招商引资丰硕，是快速崛起的 "长三角最具活力投资区域"。基地为南通市崇川经济开发区人民东路北侧、胜利路东侧、太平路西侧地块，用地面积 90656m²，用地性质为办公。规划总建筑面积约地上 260000m²，地下 55000m²（图 1）。

图 1　鸟瞰图

随着经济的快速发展，南通市在快速发展的同时也患有许多大城市的通病：中心区开发强度过大、人口和建筑过于密集、交通拥挤、环境质量下降、土地资源和水资源紧张、生态环境被破坏等。节约资源、保护环境已经成为经济和社会实现可持续发展的重要内容。由于建筑用能占我国能源消耗比重较大，所以从节约资源和环保生态的理念出发建造具有低耗、节能、健康、高效、环保功能的生态办公建筑是我们建筑规划设计的一个重要出发点。

因设计过程中不同地方的自然环境条件都有一定差异，对各地方的太阳辐射、风速、气压等客观条件难以人为地作出准确判断。故如何在规划设计过程中运用生态节能软件对场地的自然条件进行分析比较，同时在建筑规划设计阶段就开始从简单定性到复杂定量化分析建筑设计各要素，如朝向、体形、遮阳等与建筑热环境和热舒适之间的关系，使建筑达到生态建筑的要求，就显得十分重要。

2 风环境

南通市位于北亚热带，气候条件为暖温带季风气候，主导风向为夏季西南风，常年风速均值为 5m/s（图 2、图 3）。利用 Autodesk Project Vasari 软件，将建筑规划设计置于模拟场景当中，通过在标高为 2m、20m 及 40m 处，模拟南通市四季风向、风速及风压，对地面庭院、多层建筑及高层建筑三个不同高度进行了风速及风压测试。分析表明，本规划设计中，采用错列式与斜列式相组合的建筑平面布局，能有效地形成良好的风环境，中心景观庭院的风速宜人，符合人的舒适度要求（图 4）。同时，多层及高层建筑迎风面和背风面都有一定压差，利于建筑的自然通风，减少建筑能耗（图 5）。建筑总平面布局及建筑体形充分考虑南通市夏热冬冷的气候特征，以南北向布局为主，单体建筑基本为矩形平面，体形简单，减少热量损失。场地内建筑留有足够间距及室外空间，有利于场地内自然通风（图 6）。

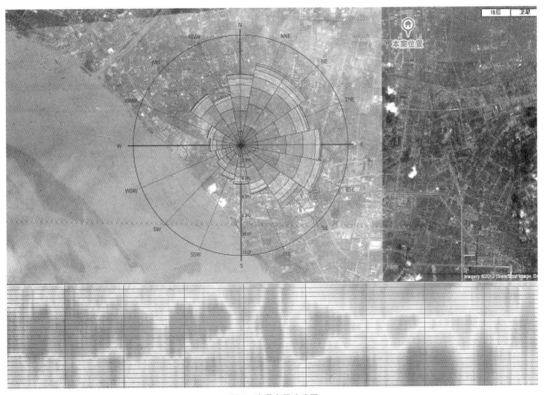

图 2 南通市风玫瑰图

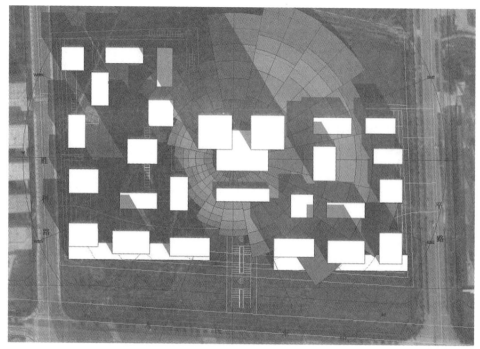

图 3　基地风环境图

庭院效果图 1

庭院效果图 3

庭院效果图 2

开发区管委会办公楼效果图

图 4　庭院效果图

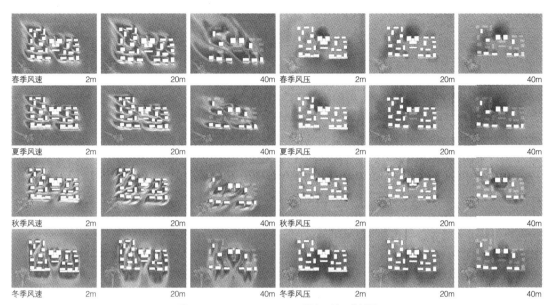

图 5 Autodesk Project Vasari 风向、风压分析图

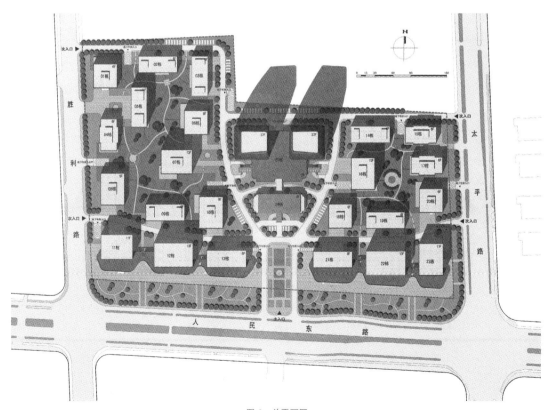

图 6 总平面图

3 光环境

运用 Ecotect 软件分析可得南通地区的温度及最佳朝向（图 7、图 8）。由图 7 可知最冷月平均气温为 3.1℃，最热月平均气温为 28℃。图 8 中细红箭头线表示在夏季最热的三个月内，太阳入射得热最多的那个方向；蓝色箭头表示在冬季最冷的三个月内，太阳入射得热最多的那个方向；黄色箭头方向表示在当地气候条件下经过权衡判断后的最佳朝向，也就是说冬季有尽可能大的入射得热，夏季有尽可能小的入射得热的方向；而粗的红色箭头方向则是效果正好相反的方向。分析结果表明，在南通地区，建筑最好的主朝向应是南偏东 8°。

为了研究办公楼方案对周边建筑的日照遮挡情况，建立了整个场地分析模型（图 9、图 10）。根据太阳轨迹的动态分析结果，数据表明被分析墙面的一层窗户最低日照时数是 3.5h，满足了国家规范对日照时数的要求，证明办公楼的规划设计是可行的。

办公室进深设计控制在 8~10m，使内部获得充足的自然采光（图 11）。多层办公楼楼间距在 16m 以上，使得室内拥有良好的采光。交通核布置在中间，使建筑四面都可以自然采光。规划设计满足办公楼采光要求，建筑间距合理，各栋建筑都能获得良好的采光，有效降低了建筑能耗，节约能源（图 12）。

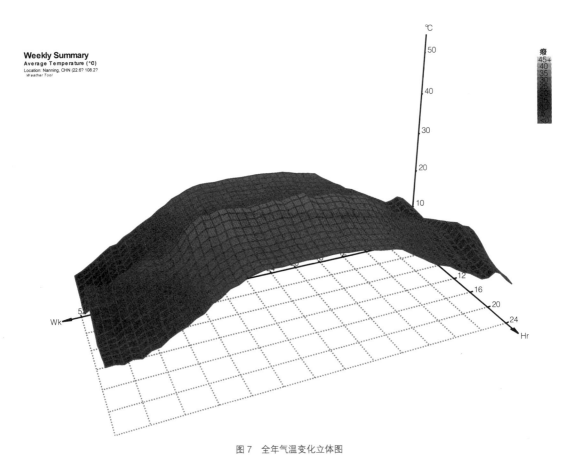

图 7　全年气温变化立体图

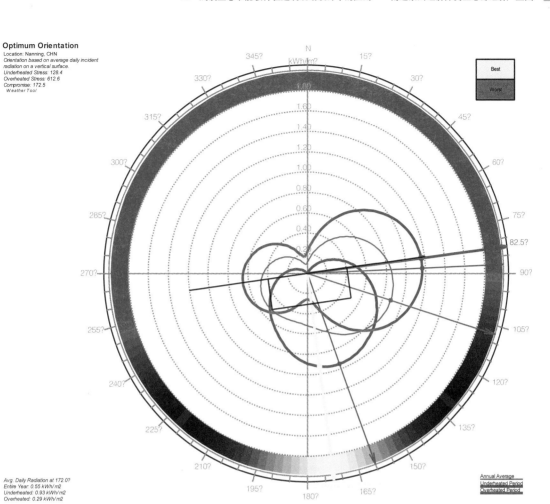

Optimum Orientation
Location: Nanning, CHN
*Orientation based on average daily incident
radiation on a vertical surface.
Underheated Stress: 128.4
Overheated Stress: 612.6
Compromise: 172.5
Weather Tool*

Avg. Daily Radiation at 172.0?
*Entire Year: 0.55 kWh/m2
Underheated: 0.93 kWh/m2
Overheated: 0.29 kWh/m2*

图 8　最佳朝向分析

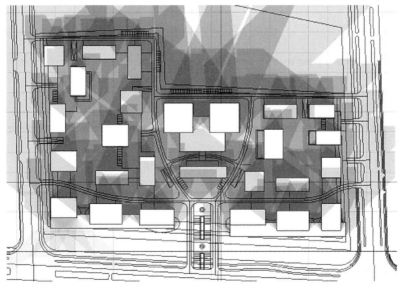

图 9　全天阴影分布图

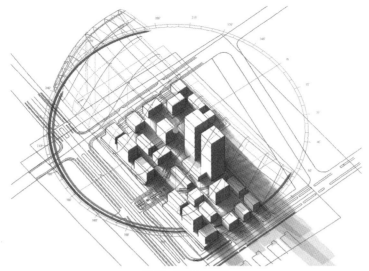

图 10 场地分析模型

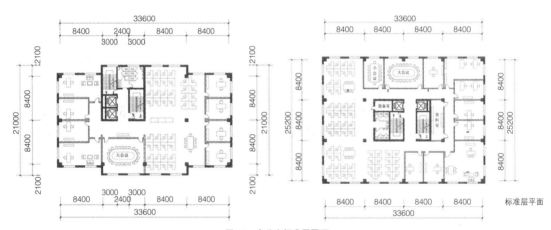

标准层平面

图 11 办公室标准层平面

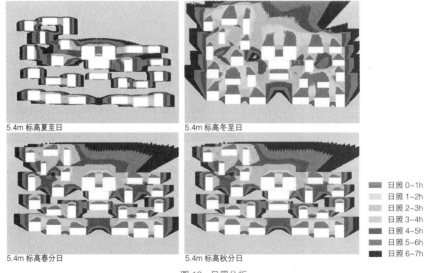

图 12 日照分析

20

浅谈土地置换理念之屋面土地化利用

冯志强

摘要：随着我国社会经济的不断发展，城镇化水平的不断提高，同时伴随着产生了 PM2.5 污染、耕地面积减少、粮食自给率降低等问题，根据我国目前建筑屋面利用率低下的现状，建筑屋面土地化利用的好处，结合国内、国外情况，探讨我国建筑屋面在农园、绿化方向的利用及政策制度建设，赋予屋面土地化利用等同土地置换的新理念，推动我国建筑屋面利用的全面实践。

关键词：问题，方向，土地置换，屋面土地，屋面农园，屋面绿化，关键技术，制度建设

1 我国的环境、耕地问题

目前，我国的环境、耕地和粮食安全问题非常严峻，潜伏着十分巨大的危机。

1.1 随着我国社会经济的发展，城镇化水平的提高，我国的环境问题不断恶化，近期全国各地更是灰霾天气频发，尤其是经济工业发达、城市化水平较高的京津冀、长三角、珠三角地区，以及某些省会大城市，PM2.5 值频频爆表。

1.2 我国是一个人口众多，人均耕地面积少的国家，全国耕地面积为 18.27 亿亩，人均耕地面积只有 1.4 亩，仅相当于世界人均耕地面积 3.75 亩的 37%。

1.3 截至 2012 年年底，我国耕地面积已降至 20.27 亿亩，而且耕地后备资源严重不足，全国虽然拥有宜耕荒地资源 2.04 亿亩，但可开垦的耕地仅为 1.22 亿亩，并且开垦的话会造成极大的生态环境压力。

1.4 2013 年我国城镇化率达到 53.73%，今后水平将继续提高。城市规模不断扩大的同时占用了大量可耕农田，虽然国家有出台土地置换政策，占一补一，但实际的效果远远达不到预期，不是置换的新垦农田被大量荒废，就是新垦的农田质量非常差，实际耕地面积是在不断减少的。

1.5 虽然据统计 2013 年我国粮食产量突破 6 亿 t，但是我国粮食的进口量却从 2000 年的 1357 万 t 上升到 2012 年的 8023 万 t，粮食自给率已经在 90% 以下，大大低于粮食自给率要稳定在 95% 以上的目标。今后如果不采取措施，粮食进口量还有不断激增的趋势出现，粮食安全问题将越发突出。

2 我国建筑物屋面利用之现状

我国是一个建筑大国，2013 年全国房屋总面积已经超过 400 多亿 m^2。目前，我国每年竣工的房屋建筑面积还在以约 20 亿 m^2 的数量增加，新增面积 99% 以上的是高能耗建筑；而既有的 400 多亿 m^2 建筑中，大多数也是高能耗、不节能的建筑，裸露屋顶的面积达 100 亿 m^2。目前，我国建筑屋面在屋面农园、屋面绿化方面也有一些案例出现，但总体利用面积相比我国巨量的裸露屋顶

面积十分稀少。我国在建筑屋面农园、绿化设计和建设上起步晚，实践少，发展慢，处于世界各国在屋面利用方面的落后地位。

3 土地置换的新内涵

解决我国 PM2.5 污染、耕地面积减少、粮食自给率降低等问题的一个重要方法就是增加可绿化、可耕种的土地面积。在已建成城市的建筑、路网、绿化等格局已经成形，可开垦的后备耕地资源不足的情况下，利用我国面积达 100 亿 m^2 的裸露屋顶增加绿化和耕地方面大有可为。而加速推进我国建筑屋面土地化利用笔者认为需要从国家政策层面引入新的土地置换概念，赋予土地置换政策新的内涵。

土地置换，是指在城市发展过程中，利用级差地价置换土地改造老城区，加快城市发展的一种方法。现今的土地置换具体可分为两种情形：一是异区地块的置换；二是同区内地块的置换。我国地方政府利用这种土地置换方式来改造老城区，发展新城区。从实践中我们关注到了这种土地置换政策有许多问题存在，比如占用了肥沃的土地用于建设而补充的农业用地质量却不佳；又比如即使起初因土地置换进行了荒地开垦，但是后期却没有跟踪管理，重新沦为荒地……因此实际的结果是耕地面积实实在在地减少，城市硬化地面面积不断增加。在这种提高多大城市规模就减少多少土地储备的不可持续的发展模式下，土地瓶颈终将会到来，各种发展问题会不断显现出来。

对于这种简单粗放的土地换土地方式及其带来的问题，建议赋予土地置换另一层新的内涵：将土地从地面置换到建筑屋面上来。这也是绿色建筑"四节一环保"中"节地"的一种新型方式。如此城市因开发土地得到了发展，而被开发土地上的自然环境或耕地因屋面土地化利用得到了部分补偿。

4 屋面土地的意义

土地是人类赖以生存和发展的物质基础，是社会生产的劳动资料，是农业生产的基本生产资料，是生态文明建设的空间载体，是一切生产和一切存在的源泉。土地是影响人类可持续性发展的世界性重大题目，土地的开发利用将全面影响一个国家的生态平衡、社会发展和经济效益。

城市化发展到了今天，地面土地作为耕地资源、绿化载体资源变得更为稀缺，超过了以往人类社会的任何阶段。因此，从可持续性发展的角度来看，从国家战略角度出发，都应该全面开展我国建筑屋面的"造地运动"，开发出建筑屋面土地。尤其对于拥有裸露屋顶面积达 100 亿 m^2 的中国来说，意义非凡。屋面的"造地运动"不仅可以增加城市绿化载体面积，美化城市环境，减轻 PM2.5 污染，还可以提高城市的防洪排涝能力，缓解城市的热岛效应，对城市整体节能非常有利，更加可以增加我国耕地资源及土地后备资源，在关键时刻（如全球粮食危机时，因战争粮食禁运、封锁时）用于农业生产可以保障国家粮食安全。联合国环境署的研究表明：当一个城市屋顶绿化总量达到城市建筑的 70% 时，城市上空二氧化碳的含量将下降 80%，夏天的气温将下降 5~10℃，城市热岛效应将基本消除。

5 我国屋面土地化利用的方向

5.1 利用屋面建设花园的历史非常悠久，公元前 2000 年左右的幼发拉底河流域的乌尔城亚述古庙塔发现其三层台面有种植大树的痕迹，公园前 6 世纪的巴比伦"空中花园"……今天屋顶绿化作为改善城市生态环境的重要途径，在欧洲的德国、法国和北美地区及澳大利亚、新西兰，以及亚洲的日本、新加坡等发达国家得到了非常好的发展（图 1~ 图 4 ）。

图 1 德国斯图加特屋顶花园

图 2 新加利福尼亚科学院大楼屋顶绿化

图 3 东京榉树广场屋顶绿化

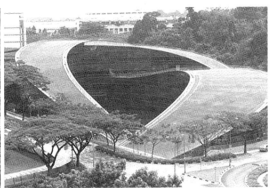

图 4 新加坡南洋理工教学楼屋顶绿化

5.2 对于当今处于特殊国情的中国来说，屋面土地化利用的意义更加显著。屋面农园、屋面绿化方向上的利用我国起步比较晚，制度建设比较滞后，建成的项目、范围相对于我国庞大的建筑体系来说比例是非常的小之又小。我国经济发展水平不高，政府缺乏长远的战略眼光，开发商的社会责任意识、生态环境保护意识淡薄，造就了目前我国建筑屋面土地化利用的落后局面。

5.3 随着我国经济条件、技术水平的进一步提高，屋面土地化利用事宜应该立即在我国全面铺开。根据我国人口众多、可耕地及后备耕地资源不足、城市总体绿化率低下、建筑能源消耗量大的特点，我国应该从发展绿色建筑的角度，着重推动以下两个屋面土地化利用的发展方向：

5.3.1 城市建筑屋面土地化利用之屋面绿化。城市建筑作为高能耗建筑，可节能设计的方面很多，其中之一就是建筑围护结构。提高建筑屋面的节能性能，主要是增加屋面的热阻和减少太阳辐射，屋面绿化可以在这个方面起到显著的作用。所以，对于新建项目要制定严格的屋面绿化的建设指标，对于旧项目也要进行"因地制宜"的绿化改造。需要根据屋面实际荷载状况进行屋面绿化的设计和改造，荷载剩余量较小的建筑可以采用草皮屋面（图5、图6）。花园屋面是屋面绿化的另一个更好的形式，但需要较大的荷载。屋面花园不仅可以给人们提供舒适的休闲、娱乐场所，增加建筑的商业价值，同样也可以提高建筑的节能性能。尤其当城市绿化率达到一定程度时，整个城市自然循环条件将得到改善，城市总体能源消耗也将因此而下降。

5.3.2 农村建筑屋面土地化利用之屋面农园。农村作为粮食生产的主要地区，土地作为粮食生产的基础资料，我国应该千方百计地增加可以作为农业生产的土地资源，大力推进农村地区的建筑屋面的农田建设（图7、图8），以期提高我国的粮食自给率，保障国家粮食安全。

图 5　广州市东旺市场屋面绿化

图 6　华南理工大学教学楼屋面绿化

图 7　浙江省绍兴县杨汛桥镇麒麟村彭秋根家屋顶水稻丰收图

图 8　浙江省温岭市新河镇城北村陶正荣家屋顶水稻丰收图

6　屋面种植的关键技术

6.1　屋面土地化的目的在于屋面种植。种植屋面是指铺以种植土或设置容器种植植物的建筑屋面和地下建筑顶板。种植屋面的基本构造层次自下而上一般包括混凝土结构层、隔汽层、保温（隔热）层、找坡层（找平层）、普通防水层、耐根穿刺防水层、防水保护层、排（蓄）水层、滤水层、种植土层和植被层（图 9、图 10）。根据气候特点、屋面形式、植物种类、现场管理，可增减种植屋面构造层次。

6.2　屋面种植技术发展到今天，已经属于比较成熟、完善的技术，世界一些发达国家已制定出比较先进、完善的屋面种植技术体系，如德国 FLL（德国景观发展与研究协会）的屋顶绿化指南。我国经过多年发展，屋面种植技术也得到了比较大的发展，国家颁布了《屋面工程技术规范》（GB 50345）、《种植屋面工程技术规程》（JGJ 155）等涉及屋面种植有关的技术规范、规程；一些地方也发布了屋面种植的当地技术标准，比如 2005 年成都市发布的《成都市屋顶绿化及垂直绿化技术导则（试行）》、2007 年广州市发布的《屋顶绿化技术规范》（DB440100T 111-2007）、2012 年湖南省发布的《湖南省屋顶绿化技术导则》等。

6.3　种植屋面工程设计应遵循"防、排、蓄、植并重，安全、环保、节能、经济，因地制宜"的原则，并考虑施工环境和工艺的可操作性。屋面种植的关键技术主要有以下几个方面：

6.3.1　准确、合理的结构荷载核算或设计。对于现有建筑的结构仔细评估，根据已有的结构荷载进行屋面种植形式设计，富余的恒荷载和额外的活荷载决定着屋面绿化的可行性。对于新建建筑屋面结构荷载设计，考虑屋面的种植荷载时，最大保水量与减少结构荷载两者之间应该有合理考量。

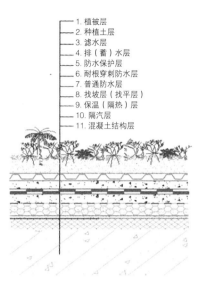

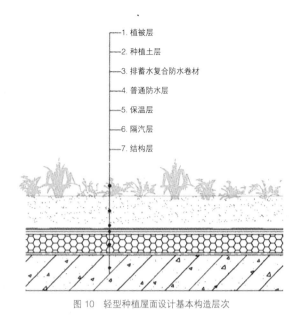

1. 植被层
2. 种植土层
3. 滤水层
4. 排（蓄）水层
5. 防水保护层
6. 耐根穿刺防水层
7. 普通防水层
8. 找坡层（找平层）
9. 保温（隔热）层
10. 隔汽层
11. 混凝土结构层

1. 植被层
2. 种植土层
3. 排蓄水复合防水卷材
4. 普通防水层
5. 保温层
6. 隔汽层
7. 结构层

图9 种植平屋面基本构造层次   图10 轻型种植屋面设计基本构造层次

6.3.2 阻根穿刺与防水技术。植物根系的穿刺破坏力是非常强大的，屋面种植必须选用合格的耐根穿刺防水材料。目前，市场上的铅锡锑合金防水卷材、耐根穿刺SBS改性沥青防水卷材、改性沥青耐根穿刺防水卷材常应用于阻根穿刺的关键构造层，其产品质量、施工质量必须得到保证和重视，否则造成整个屋面防水体系崩溃的后果将是灾难性的。

6.3.3 种植土土质的选择与维护。种植土可以选用田园土、改良土或轻质无机基质。屋面种植相当于把荷载从地面搬到了屋面，增加的荷载对结构建造成本产生较大影响。一般屋面绿化情况下轻质低密度的轻质无机基质应当作为首选，而屋面建设为农园进行农业生产时，采用以优质的田园土为主体进行改良的土则比较合适，自然土或农耕土由于质量大、保水性和排水性差，不适合直接应用。另外，土壤在考虑植物所需营养成分持续性提供的同时，选择植物生存的最小土深以免植物生长过快导致荷载增加较快的问题也应重视。

6.3.4 排、蓄、灌系统的优化设计。种植屋面的排、蓄、灌是密不可分，紧密相连的一体化系统，精细化的设计必须同时协调好排、蓄、灌三者之间的关系。自动微喷、滴灌或渗灌等节水技术应该广泛地应用于屋面种植，并应考虑雨水、中水的适当回收利用。屋面种植构造层应考虑适当的蓄水层厚度，保存适量的降水，减少人工灌溉量，同时不增加太多的结构荷载。因我国属于大陆性季风气候，夏季降水集中，丰雨地区种植屋面的排蓄水系统设计应以排水为主。

6.3.5 适宜地域气候的植被选择。绿化屋面种植应优先选择低速生长、耐旱、抗寒、防虫、抗倒伏、滞尘和降温能力强，适应当地气候条件的木地植物，并应方便后期的维护管理。农园屋面种植应根据当地农民需要、市场需求、雨水丰缺等条件选择当地适宜种植的粮食作物和蔬菜品种。

7 屋面土地化利用的制度建设及推广

建筑屋面土地化利用（绿化、农园利用方式）的经济效益、社会效益和生态效益多多，很多有识之士早早就发现了这方面的利用价值，并大力倡导屋面绿化，但是在我国社会却没有实现大规模的开发，造就了巨量的裸露建筑屋面没有得到应有利用的现状，其中一个重要的原因是我国的相关制度建设落后，相关政策地位层次不高造成的。改变我国屋面土地化利用的落后面貌，实现屋面绿化、农园利用的大发展，笔者认为应从以下几个方面进行推动：

7.1 中国经济社会发展到现阶段，社会暴露出的环境问题、粮食问题、可持续性发展问题已时不我待，因时因势都须将屋面利用问题上升为国家战略层次的大计，并确定为国家可持续性发展的基本国策、基本制度。

7.2 建立、健全强制性屋面利用的政策、法律、法规。屋面利用必须由政府主导，依靠开发商的自觉性来推动我国建筑屋面的全面利用是不现实的，必须以立法强制推行屋面绿化、农园利用。为此，国家可以制定屋面利用的专项法律法规，或补充完善《中华人民共和国节约能源法》，增补各类建筑屋面强制性利用的内容，加强法规建设，补充《建筑节能管理条例》，增加建筑屋面利用的监管。

7.3 完善屋面种植的技术标准规范。《种植屋面工程技术规程》（JGJ 155-2013）作为建筑行业标准，完善各个不同气候条件地区屋面种植的技术指南、标准图集等，作为强有力的技术支持。

7.4 建立激励和惩罚措施。可以赋予城市为了发展而进行的土地置换政策新的内涵：扩大多少城市发展用地，就须建造或改造多大的农村建筑屋面农园面积作为补偿，建筑占用地面土地就须建造屋面土地；可以允许屋面绿化面积按一定的比例计入项目的绿化用地面积指标；可以减免或给予城市防洪费优惠；设立专项基金给予屋面绿化资金补贴，享受贴息、低息贷款等激励措施。同时，加推对不进行屋面绿化利用的项目的惩罚措施，如处以高于屋面绿化成本的罚款作为建筑破坏自然的生态补偿金。

7.5 普及屋面利用知识及其意义，提高行业参与者的责任意识，鼓励社会各方积极参与。在寸土寸金的当今社会，城市绿化从地面向空间发展是必然趋势。

8 结束语

我国裸露建筑屋面的体量巨大，其利用前景必然十分广阔。大力推动建筑屋面的土地化利用，使之成为我国的基本国策，使之作为各类建筑产权所有者的基本义务，使之变为全社会参与的建设者的自觉实践行为。当城市裸露的屋面都被点缀上葱郁的绿色，当农民的房顶都被建设成美丽的农园，我国的社会、环境面貌必将焕然一新。

参考文献

[1] 中华人民共和国住房和城乡建设部.种植屋面工程技术规程（JGJ 155-2013）[S].北京：中国建筑工业出版社，2013.

[2] 中华人民共和国住房和城乡建设部.屋面工程技术规范（GB 50345-2004）[S].北京：中国建筑工业出版社，2004.

[3] 中华人民共和国环境保护部.2013 中国环境状况公报 [R]，2013.

[4] 中华人民共和国国土资源部.2013 中国国土资源公报 [R]，2013.

[5] 百度百科.

21

绿色节能技术在淮安金奥国际广场住宅一期中的运用

白永丽

摘要：根据淮安金奥国际广场住宅一期项目的规划要求和规划设计目标，结合国内绿色建筑发展的趋势以及总结相关绿色建筑技术应用的实践成果，探索绿色建筑和建筑节能技术在该项目的整体应用。最后对 BIM 应用于绿色建筑设计提出了展望。

关键词：节能减排，低碳理念，绿色建筑技术策略

1 概述

1.1 建筑活动是人类对自然资源、环境影响最大的活动之一。中国正处于经济快速发展阶段，年建筑量世界排名第一，资源消耗总量逐年迅速增长。在中国，建筑的节能减排已被国家建设和能源部门提高成为一个相当迫切和重要的议题，并提出了在 2020 年前，新建建筑完全实现建筑节能65％ 的重要战略目标。绿色建筑的核心价值在于最低限度的能源和资源消耗，对环境污染小并拥有良好的室内环境质量。2012 年财政部和住建部联合颁发的《关于加快推动我国绿色建筑发展的实施意见》首次用文件形式明确将通过建立财政激励机制、健全标准规范及评价标识体系、推动相关科技进步和产业发展等多种手段，力争到 2020 年绿色建筑占新建建筑的比重超过 30％。

1.2 淮安金奥国际广场位于江苏省淮安市生态新城核心区域，用地面积：127402.74m²；项目总建筑面积：703628.25m²；规划设计要求：规划设计应体现低碳理念，满足江苏省公共建筑二星级、住宅建筑一星级绿色建筑标准。设计伊始的设计目标是：打造淮安生态新城中集办公、居住、休闲、餐饮、购物等多种功能于一身的城市综合体；高标准、前瞻性规划，使该综合体成为淮安生态新城城市生活的中心和焦点；在形象塑造、空间设计、建筑技术和绿色能源方面均成为淮安生态新城的典范和地标。

1.3 先期开发的住宅一期住宅建设规模：地上总建筑面积：174042.53m²，其中住宅总建筑面积：154009.80m²，公建总建筑面积：19359.98m²，地下总建筑面积：47605.26m²。建筑布局为 8 栋 28~33 层的高层塔式及单元式住宅，由沿街商业和中央商业街联通在一起，总体分布图详见规划总平面图（图 1）。

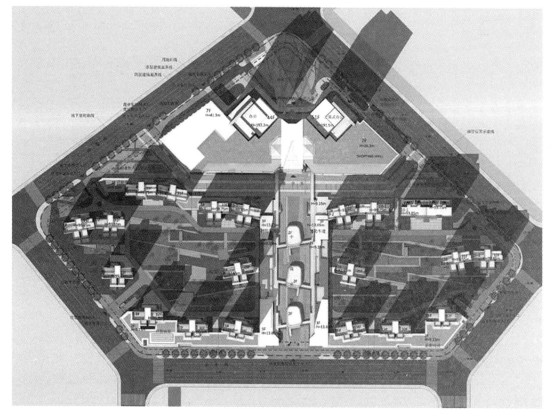

图1　规划总平面图

2　绿色建筑技术策略

2.1　结合淮安金奥国际广场的总体规划和设计资料，针对住宅一期要达到绿色建筑的建设目标，从节地与室外环境、节能与能源利用、节水与水资源利用、节材与材料资源利用、室内环境质量几个方面提出适用本项目的绿色建筑技术应用措施，主要包括：

2.1.1　合理开发利用地下空间。开发利用地下空间是节地的主要手段。住区建设中将小汽车停车库、自行车库、设备用房等结合地下空间来设置。地下空间建筑面积与地面建筑面积之比达到27％，大于20％。详见住宅一期总平面图（图2）。

2.1.2　雨水调蓄渗透系统。在规划设计阶段，结合地区特点规划好雨水径流途径。合理增加雨水渗透措施，如景观铺装透水铺装，补充涵养地下水。在地下车库设置雨水调蓄水池，收集优质多余的雨水，回馈景观用水。雨水处理机房大样图见图3。

2.1.3　自然通风与天然采光。淮安金奥国际广场住宅塔楼均为南北朝向布置，考虑自然通风住宅平面设计时将核心筒和两端户型拉开，在走廊北侧开设外窗，以利于南向房间采光通风。所有客厅、卧室均有充足的采光，明厨明卫，一律杜绝暗卫生间。详见户型大样图（图4）。

2.1.4　可再生能源的使用量占建筑总能耗的比例大于10％。计算或检测可再生能源的使用量占建筑总能耗的比例大于10％，或达到小区中有50％以上的住户采用太阳能热水器提供住户大部分生活热水，视为比例大于10％。本项目可方便利用的再生能源就是太阳能，最终设计50％以上的住户采用太阳能热水器提供热水，具体设置范围详见图2。对于高层住宅来讲利用太阳能只能考

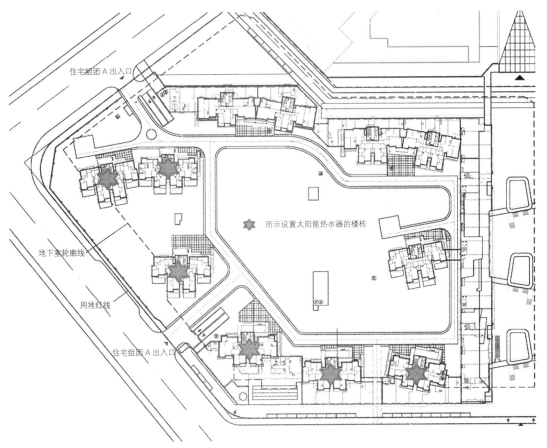

图 2 住宅一期总平面图

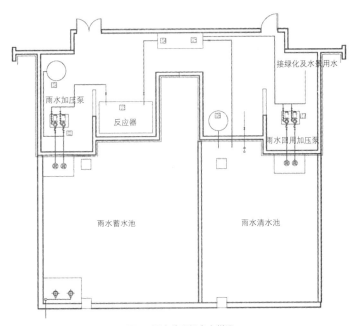

图 3 雨水处理机房大样图

虑太阳能热水器与住宅的一体化设计。我们通过方案比选最终选定利用空调室外机栏板作太阳能集热管，热水罐设置在空调室外机上方，这样既解决了立面美观的问题，又解决了热水罐无处可放的问题，设置方法详见图5。

2.1.5　外遮阳措施。外遮阳是建筑节能必不可少的措施之一，如何设计外遮阳，又不影响立面美观，是立面设计的课题之一。本项目南向房间外飘窗均设置了600mm宽的水平遮阳。详见图5所示。

2.1.6　屋顶绿化。绿化配置技术主要包括建筑的室内绿化、室外绿化、屋顶绿化、垂直绿化和水体绿化。为大力改善城市生态质量，提高城市绿化景观环境质量，建设用地内的绿化避免大面积铺设纯草地，住宅一期的绿化率高达39.24%，考虑到屋顶绿化不仅可以增加绿化面积根据《淮安市建设项目配套绿地管理技术规定》第九条屋顶绿化面积冲抵集中绿化面积的规定：多层建筑（建筑高度小于24m的建筑、居住建筑8层以下）与低层建筑屋顶绿化，绿化种植土层深度大于0.3m、

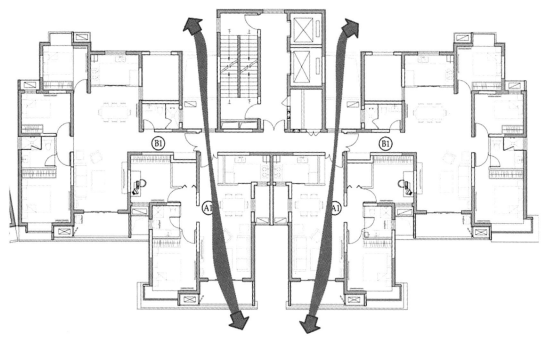

图4　户型大样图

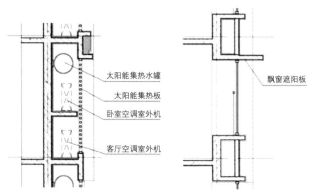

图5　太阳能热水器的设置方法

宽度大于 4m、面积大于 80m²、并便于人们使用的，经城市园林绿化主管部门审定后，可按其实际植物种植面积的 20% 冲抵集中绿化面积，但冲抵的比例不得大于规定指标的 10%)，而且还可以改善屋顶的保温隔热效果，并且在高层住宅上观看商业裙房屋顶的第五立面时是赏心悦目的绿化，住宅一期的商业裙房屋顶均考虑设置屋顶绿化。设置范围详见图 1。

2.2   在此次本项目依据绿色建筑可行性研究分析的过程中，除去必须依据的国家及江苏省地方建筑规范所进行的建筑设计，即为本绿色建筑可行性研究报告中的控制项以外，需相应增加造价的一般项和优选项的内容包含场地环境噪声控制、可再生能源的使用量占建筑总能耗的 10% 以上或将太阳能利用设施与建筑有机结合、室外透水地面面积比控制、合理利用水资源、景观用水、节水高效灌溉方式、现浇混凝土采用预拌混凝土、土建与装修工程一体化、合理的建筑结构体系等方面，所增加造价相对整个建造成本占比很小。

3   结语

3.1   绿色建筑可行性研究报告依据的总体原则为：节省初投资、降低建筑运行成本；在建筑的全寿命周期中，提供舒适健康的宜人环境；在依据绿色建筑的标准和要求的设计中，节省建筑成本和使用阶段的附加价值并且大幅提升建筑品质，增加销售卖点；并有助于绿色建筑的推广，形成绿色建筑的示范效应。在改善微气候、营造绿色生态等方面都具有非常重要的社会和环境效益。

3.2   绿色建筑设计是一个跨学科、跨阶段的综合性设计过程，而 BIM 模型则正好顺应此需求，实现了单一数据平台上各个工种的协调设计和数据集中。BIM 的实施，能将建筑各项物理信息分析从设计后期显著提前，有助于建筑师在方案阶段进行绿色建筑的相关决策。因此，运用 BIM 来贯穿绿色建筑的实施，将技术信息化与管理信息化融会贯通，以实现更有效的项目全寿期管理和企业资源计划，已是我国建设领域未来发展的必然趋势。

3.3   总之，在淮安金奥国际广场住宅一期项目中引入绿色建筑理念，不仅可以提高该住宅区的综合价值，降低后期入住成本，提高舒适度，而且能提高该项目的市场竞争力，促进住宅建筑的可持续发展。

22

夏热冬冷地区居住建筑节能设计研究——以安徽省黄山市祁门县为例

陈　璐

摘要：建筑节能就是降低建筑使用能耗，提高能源利用效率。保护环境，需要大力提倡建筑节能。现从建筑围护结构设计的角度浅析夏热冬冷地区居住建筑的一些节能设计措施，力图降低建筑能耗，创造建筑微气候，并从地域技术、构造设计上来创作适合该地区气候的住宅建筑和建筑设计策略。

关键词：夏热冬冷地区，居住建筑，节能设计，绿色建筑技术

引言

　　夏热冬冷地区夏季炎热，冬季阴冷潮湿。从适宜居住的角度来讲，必须采取一定的措施才能保证住宅建筑具有舒适的室内环境。根据《安徽省居住建筑节能设计标准》（DB34/1466-2011）以及《夏热冬冷地区居住建筑节能设计标准》（JGJ 134—2001）提出了节能50%的目标，其中围护结构承担其中的25%。与北方采暖地区建筑不同，夏热冬冷地区围护结构要同时满足"冬季保温，夏季隔热"（北纬=29.86°，东经=117.7°）的双重要求。本文对黄山祁门地区某居住建筑群的一栋居住建筑进行节能计算分析，主要研究夏热冬冷地区居住建筑节能的各种改造措施对节能计算结果的影响。论文用数值分析法对外墙体等保温性能进行了分析。通过利用PKPM节能软件进行计算，对比前后两次的节能计算结果，探索出适合中国夏热冬冷地区建筑节能的设计原理。

1　项目概况及一次节能设计

1.1　项目概况

　　该居住建筑位于黄山市祁门县（北纬=29.86°，东经=117.7°），为一居住建筑组群中的一幢。建筑面积2616.38m²，体积7779.70m³，为七层居住建筑（一层为架空层），建筑高度19.8m。建筑体形为条式建筑，建筑结构类型为砖混结构，建筑朝向为南偏东21°。内部功能以居住为主。外墙与内墙在二次设计后均采用240mm厚的混凝土承重空心砖。屋面部分为可上人屋面。门窗以塑钢窗为主。

　　建筑总图、单体位置、建筑平面图纸及最初方案效果图如下（该单体建筑为10号楼，位于小区中部环路处，东、西侧靠近小区消防车道）（图1~图5）：

1.2　一次节能设计

　　（1）判定依据：《安徽省居住建筑节能设计标准》（DB34/1466-2011）、《夏热冬冷地区居住建筑节能设计标准》（JGJ 134-2010）、《民用建筑热工设计规范》（GB 50176-93）、《建筑外门窗气密、水密、抗风压性能分级及检测方法》（GB/T 7106-2008）。

图1 10号楼位置图

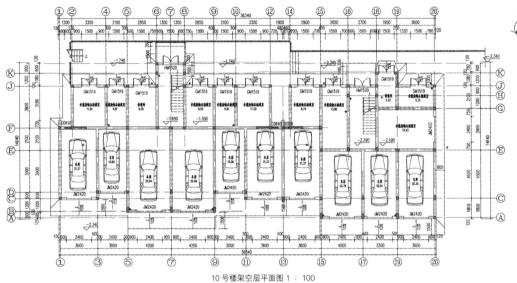

10号楼架空层平面图 1 : 100

注：本层建筑面积：207.67m²

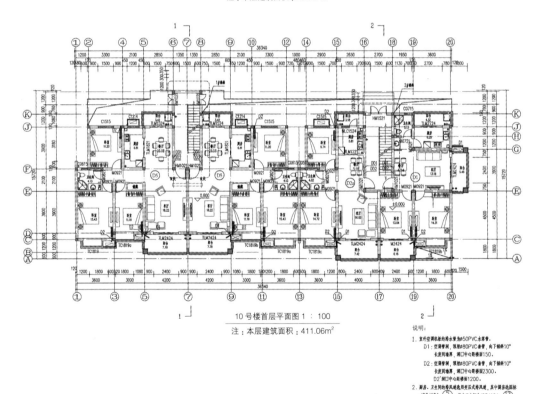

10号楼首层平面图 1 : 100

注：本层建筑面积：411.06m²

图 2　10号楼架空层、首层平面图

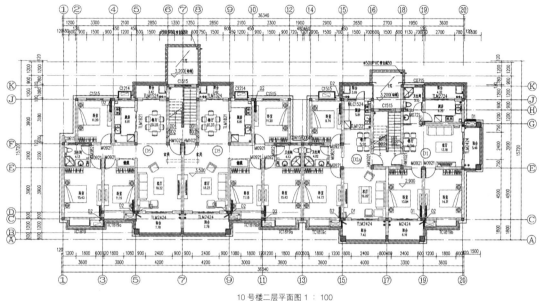

10 号楼二层平面图 1：100

注：本层建筑面积：399.53m²

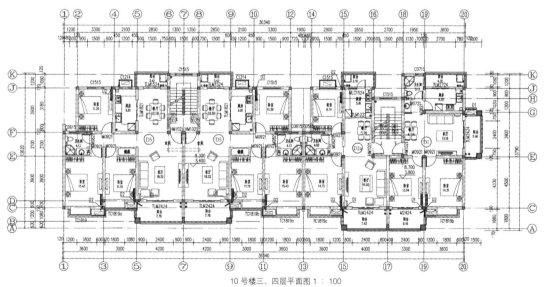

10 号楼三、四层平面图 1：100

注：本层建筑面积：399.53m²

图3 10 号楼二、三、四层平面图

10号①-⑳立面图 1:100

10号⑳-①立面图 1:100

图4 10号楼立面图

图 5　住宅透视图

（2）建筑朝向：南偏东 21°。

（3）体形系数：0.35。体形系数指建筑物与室外大气接触的外表面积（不计算地面）与其所包围的建筑体积之比。体形系数越大，说明单位建筑空间所分担的热散失面积越大，能耗就越多。

（4）建筑围护结构：

外墙一次节能设计采用 240mm 厚的非黏土实心砖墙，外墙及热桥部分保温材料选用 30mm 厚的挤塑聚苯板。外墙涂料颜色为浅色。

底部自然通风的架空楼板保温材料选用挤塑聚苯板。

屋顶为部分可上人屋面，屋面保温材料选用挤塑聚苯板。

外窗采用塑料型材，$Kf=2.7W/(m^2 \cdot K)$，框面积 25%，中空 6mm 透明 +12mm 空气 +6mm 透明。

建筑材料热工参数见表 1。

建筑材料热工参数（一）　　　　　　　　　　　　　　　　表1

材料名称	密度（kg/m³）	导热系数 W/(m·K)	蓄热系数 W/(m²·K)	修正系数 α		选用依据
				α	使用场合	
非黏土实心砖墙	1800	0.800	10.63	1.00	墙体	《安徽省居住建筑节能设计标准》（DB34/1466–2011）
挤塑聚苯板 1	30	0.030	0.32	1.15	外墙 / 热桥 / 架空楼板 / 屋面	

门窗类型	传热系数 W/(m²·K)	玻璃遮阳系数	气密性等级	选用依据
塑料型材，$Kf=2.7W/(m^2 \cdot K)$，框面积 25%，6mm 透明 +12mm 空气 +6mm 透明	2.80	0.86	4	

（5）节能计算软件：PKPM 建筑节能分析软件 PBECA 2011 1.00 版。

2 一次节能计算结果

根据以上提出的节能设计条件，在 PKPM 节能计算软件中生成建筑模型，在反复调整围护结构以及材料并得出对建筑节能产生影响的具体数值后，得到了以下节能计算结果：

（1）外墙、热桥保温材料采用 30mm 厚的挤塑聚苯板。底部自然通风的架空楼板采用 20mm 厚的挤塑聚苯板。

（2）部分可上人屋面保温材料采用 50mm 厚的挤塑聚苯板。

（3）建筑东、南、北方向有外遮阳。

（4）外窗采用塑料型材，Kf=2.7W/（m²·K），框面积 25%，6mm 透明 +12mm 空气 +6mm 透明，传热系数 2.80W/（m²·K），自身遮阳系数 0.86，气密性为 4 级，可见光透射比为 0.71。

（5）根据当前建筑朝向，东、南、西、北各朝向的窗墙面积比和可见光透射比均满足我国及当地建筑规范的相关要求。

以上各分项指标均满足我国国家标准以及当地建筑规范的相关要求，由此可判定该建筑已达到节能要求。

3 二次节能设计技术改造措施及节能计算结果

任何项目的建筑设计过程都是一个不断完善、不断修改的过程。在听取审图意见回复以及对当地材料的思考研究后，我们进行了一系列调整，而这些修改也直接导致需对节能设计进行重新改造和计算，也正是由于这样的反复推敲和验算，使建筑节能技术在具体项目中的运用得到更多宝贵的经验。

3.1 对设计条件的具体修改

（1）外墙和内墙的材料改为混凝土空心砖，导热系数 1.670W/（m·K），修正系数 1.15。

（2）因为当地的防火要求，外墙保温材料改为膨胀玻化微珠无机保温砂浆，导热系数 0.070W/（m·K），修正系数 1.15。

（3）凸窗不透明的顶板、底板和侧板保温改为 25mm 厚的膨胀玻化微珠无机保温砂浆，导热系数 0.070W/（m·K），修正系数 1.15。

（4）分户墙与楼梯间隔墙改为混凝土承重空心砖。

（5）其他设计条件不变。

建筑材料热工参数见表 2。

建筑材料热工参数（二）　　　　表2

材料名称	密度 kg/m³	导热系数 W/（m·K）	蓄热系数 W/（m²·K）	修正系数 α		选用依据
				α	使用场合	
挤塑聚苯板 1	30	0.030	0.36	1.10	屋顶 / 架空楼板	
膨胀玻化微珠无机保温砂浆	300	0.070	1.59	1.15	外墙 / 热桥柱 / 热桥梁 / 热桥过梁 / 热桥楼板 / 楼板	《安徽省居住建筑节能设计标准》（DB34/1466—2011）
混凝土承重空心砖	1800	1.670	10.63	1.15	外墙 / 内墙	用户自定义

门窗类型	传热系数 W/（m²·K）	玻璃遮阳系数	气密性等级	选用依据
塑料型材，Kf=2.7W/（m²·K），框面积 25%，6mm 透明 +12mm 空气 +6mm 透明	2.80	0.86	4	

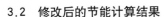

3.2 修改后的节能计算结果

计算方法：建筑物的节能综合指标采用《安徽省居住建筑节能设计标准》（DB34/1466–2011）所提供的建筑节能综合指标计算方法进行计算。计算条件如下：

（1）整栋建筑每套住宅室内计算温度，冬季应全天为 18℃，夏季应全天为 26℃。

（2）采暖计算期应为当年 12 月 1 日至次年 2 月 28 日，空调计算期为当年 6 月 15 日至 8 月 31 日。

（3）室外气象计算参数采用典型气象年。

（4）采暖和空调时，换气次数为 1.0 次 /h。

（5）采暖、空调设备为家用气源热泵空调器，制冷时额定能效比取 2.3，采暖时额定能效比取 1.9。

（6）室内得热平均强度应取 $4.3W/m^2$。

其他建筑物各参数均采用《安徽省居住建筑节能设计标准》（DB34/1466–2011）所提供的参数，得到该建筑物的年能耗如表 3 所示。

该建筑的年能耗 表3

能源种类	能耗（kWh）	单位面积能耗 #（kWh/m²）
空调耗电量	31330	12.14
采暖耗电量	72775	28.20
总计	104105	40.34

注：单位面积能耗针对建筑面积计算，即能耗 / 总建筑面积。

参照建筑能耗计算：

根据建筑物各参数以及《安徽省居住建筑节能设计标准》（DB34/1466–2011）所提供的参数，得到该参照建筑物的年能耗如表 4 所示。

参照建筑物的年能耗 表4

能源种类	能耗（kWh）	单位面积能耗 #（kWh/m²）
空调耗电量	33368	12.93
采暖耗电量	72440	28.07
总计	105808	41.00

注：单位面积能耗针对建筑面积计算，即能耗 / 总建筑面积。

建筑节能评估结果：

对比 1 和 2 的模拟计算结果，汇总如表 5 所示。

设计建筑与参照建筑模拟计算结果对比 表5

计算结果	设计建筑	参照建筑
全年能耗	40.34	41.00

能耗分析图见图 6。

经权衡计算结果，该设计建筑的单位面积全年能耗小于参照建筑的单位面积全年能耗，因此该建筑已经达到了《安徽省居住建筑节能设计标准》（DB34/1466–2011）的节能要求。

图 7、图 8 所示为部分屋面节点及墙身节点做法。

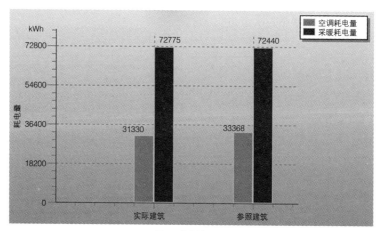

图6　能耗分析图

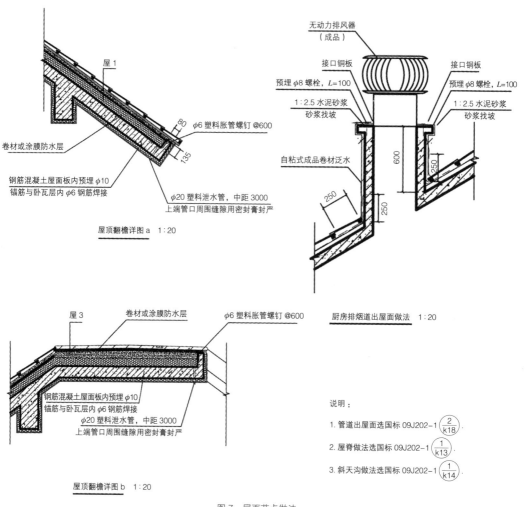

图7　屋面节点做法

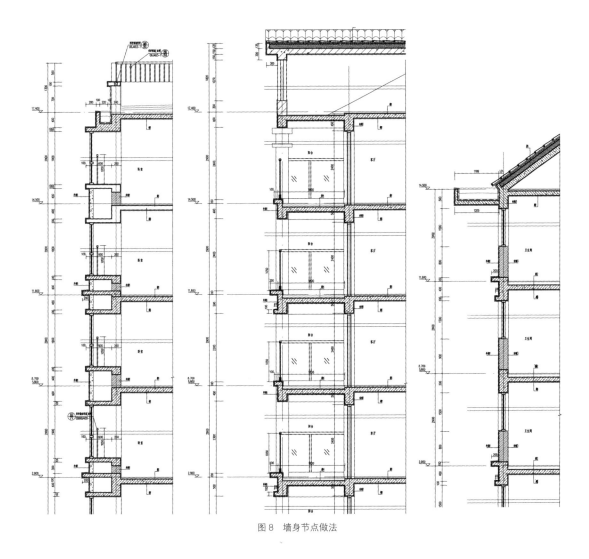

图8　墙身节点做法

4　本项目在建筑节能设计上的优缺点分析

对本项目经过先后两次节能计算，虽然两次计算均达到了节能要求，但是在更改节能设计条件的时候，充分从当地现状出发，满足当地防火需求，运用当地现有的材料，进行二次节能设计，通过计算从而得出最经济的节能做法。通过这样的对比和重复计算，使我们在本项目中在建筑节能技术运用上有了更深刻的认识，了解到当地夏热冬冷地区围护材料的优劣性，使节能技术在建筑节能的运用中优势更加突显，对建筑师关于建筑节能方面的深入研究是有利的。

根据以上分析，可以很清晰地认识到该如何对该项目进行节能设计上的优化。以上列举的种种设计策略仅是针对单一项目的节能计算后所作的总结，必然具有局限性和片面性，可作为类似项目的参考。希望由此而引发更多对建筑节能方面的思考。

结语

　　建筑节能是一项复杂而涉及众多专业的工程，我国的能耗形势日趋严重，开展建筑节能是节约能源的有效方式。为保证我国的经济可持续发展，主要针对围护结构的保温性能进行设计和改造，能取得良好的效果。我国是能源消耗大国，尤其是近年来的经济飞速发展，加剧了能源利用的严峻形势。节约能源和环境保护紧迫而重要，建筑业是能耗中的首位，建筑节能成为关系国家发展的重大问题，降低能耗成为贯彻可持续发展战略的一个有力保证。

参考文献

[1]　张雄，张永娟等编著. 建筑节能技术与节能材料 [M]. 北京：化学工业出版社，2009.

[2]　建筑技术及设计 [J]. 中国建筑技术研究，2000

[3]　安徽省住房和城乡建设厅，安徽省质量技术监督局. 安徽省居住建筑节能设计标准（DB34/1466–2011）[S]，2011.

[4]　中华人民共和国住房和城乡建设部. 夏热冬冷地区居住建筑节能设计标准（JGJ 134—2010）[S]，2010.

[5]　民用建筑热工设计规范（GB 50176—93）[S].

[6]　建筑外门窗气密、水密、抗风压性能分级及检测方法（GB/T 7106–2008）[S].

[7]　姚大江，邱文航编著. 夏热冬冷地区居住建筑节能设计初探 [M]，2006.

23

优化点滴

王明辰

虽然在行业中摸爬滚打多年，不会写学术论文，才疏学浅，弄点小段子望大力指正，以期老有所学。

1 结构方案

有了电脑真是好东西，键盘一按，算得那个真叫快呀。想想刚入行之初：手算、算盘、拉标尺（这玩意年轻人大概见都没见过，也该是文物级古董了），当然慢也有慢的好处，脑子会多动些，思考比较多，想想结构怎么布置法，能够合理简单，算的工作量小一些，图纸也少画两张，也就是考虑结构方案和进行结构方案的比较多些，就是小小一块板也有不同的次梁布置做成单向板还是双向板，各边的支承条件也有不同，同一个建筑可以有不同的结构方案，就拿一个长方形的几十平方米的四坡顶的小门房做例子，也还有不同的方案可考虑，先说基础就算是做天然地基，好的持力层有一定深度，就像上海的②层土有时埋在室外地坪下 2~3m，有人不假思索就做到②层土，就会有地上房子 2m 多高，地下基础埋深倒有 3m 的现象出现。但换个想法也是可以的，如浅层土堆积多年叫地勘提个指标，直接做上去也是可以的，或者换垫做个砂垫层也是常用的方法。确定完持力层，接着做基础，独立基础、条基都是可以的，但有墙体需要加托梁，那么条基是否优越性更多些。屋面是坡顶有人会加梁但板梁所承受的荷载，同一个屋面荷载先由板承担再传给梁，明显是不设梁有优越性。

总之，想说明同一个建筑物可以有不同的结构方案，把不同的结构方案拿出来 PK 一下，从中选出一个受力合理、传力途径短的方案，提高经济性、合理性。结构设计虽然相对来说比较枯燥，但在这样的 PK 中也可找到兴趣，并提高自己的专业水平。

2 剪力墙住宅

剪力墙住宅，我是 20 世纪 80 年代中期开始接触的，大概有 30 多年的历史了。刚开始大家用混凝土墙代替砖墙，因此墙多而密，连梁也是除窗洞外全都做成混凝土的，因此刚度极大，自振周期短，抗震等级或设防烈度高时，钢筋用量最多达上百公斤 /m²，大家不断思考，逐渐改进。剪力墙住宅的上部结构主要有三种构件，楼板、墙肢、连梁。首先，要选择一个合理的刚度，这刚度主要由墙肢贡献，剪力墙怎么设，设多少，很早有人提出过墙率这个概念，即每 m² 布多少剪力墙，目前没有合理的数据，不过自己可以统计一下，找出过规律，大多数设置剪力墙是每开间都设置，有一个做法是可以突破，有所谓两挑一，即每开间设置剪力墙也有一种大空间剪力墙的概念，做过尝试在 4.8m×9.8m 的周边设置剪力墙，这样墙体少，分隔灵活，也给小业主装修带来了方便。

连系墙肢的连梁，现在大多设计成弱连系梁，只在楼板至窗顶设置，断面高度最小为 360mm

左右，相对刚度贡献较小，并且有个特点这类连梁的内力比较均匀，常遇到的问题是有时连梁会出现配筋很大或配不出来，大多是梁太高，跨度太小惹的祸。比如底层层高高了，此时连梁断面不要加大，比如北侧厨厕窗户小，可以将两个窗洞并在一起，设一根连梁，窗间墙做成不参加整体工作的混凝土构件。在墙肢和连梁的设计中应遵循强墙弱梁的原则，连梁的破坏不会引起房屋的倒塌，而连梁的设计原则应该是强剪弱弯，连梁不应该被先剪坏，具体做法是连梁箍筋的配置方法，不能只看计算结果，而要以实配的纵筋换算成实际弯矩再加放大系数来配箍筋。

3 桩的那儿点事

桩的设计与地勘有着相依为命的关系，最早不太会看地勘报告，只关心那张用来计算单桩承载力的摩阻力、端承力表，把单桩承载力算出来就开始布桩，不大会考虑持力层选得合适不合适，桩长是否合适，后来跟地勘老师学了一招会看 P_s 值了，这就开阔了思路，同样的一层土 P_s 值在不同孔位会不一样，就是同一孔位也是不一样的。因此选持力层，选桩长都可以用 P_s 值来分析。讲个小故事，一次某设计院设计一个小区的桩基，地勘认为桩长最好用 26m，绝对不要超过 27m，设计院都坚持用 28m，说这样单桩承载力高，经济性好，可在实际中，28m 的桩送不到位，打不下去，只好改短桩长。因为在 P_s 值达到 10 左右，沉桩是一定困难的，多用高的摩阻力的愿望是好的，但实现是有困难的，P_s 值有极好的参考价值，而且桩承载力也可以用 P_s 值来计算。

不要太迷信那张摩阻力、端承力表，因为那是经过人为处理过的，处理得不当会带来一些意想不到的问题。上海地区的地质情况是极其复杂的，古河道暗滨很多，有的一幢楼的地质情况就不一样。有一个小区极大，有几十幢楼，地勘单位是用常规的平均值的概念来提供计算参数，小区大，情况复杂，其中作为主要持力层⑦2 层的 P_s 值，相差的不是一星半点，而是论倍差，这样在 P_s 值高的区域出现桩打不下去的情况。出现情况后，设计人员没好好研究地勘而是采取将桩长改短，增加桩数的做法，结果可想而知。实际上只要逐幢研究一下每幢房屋的钻孔情况及静力触探情况，就很明白这种大平均的方法是有问题的。这么大的小区用一个平均数值是不能代表所有的情况的，而应该分区提供指标，才能比较准确地反映实际情况。

顺便提一句，P_s 值在沉桩过程中，随着土的挤密，也会随之变化而升高的。再讲个小故事，有一幢不太长的高层住宅，选⑦2 层作为持力层，沉桩进行得很顺利，但到了右上角处，沉桩困难，送不到指定的标高，怎么办？与地勘一起讨论，这个情况的出现与地质情况是吻合的，此部位的 P_s 值就是比较高，故决定不强行沉到指定标高，达到沉桩停止的指标就停止，少沉了 1~2m，最后作了承载力检测，完全达到要求，所以我认为在沉桩过程中重要的是保证桩的完整性，只要沉桩沉到相应的持力层，承载力应该不是问题。

4 几个小问题

经常有这样的情况，高层住宅在一端山墙外设自行车道，自行车道要进入地库，须在山墙上开门洞，这是很常见的情况，但处理手法各有不同，有人为避开门洞将转角山墙横墙设得很短，而纵墙有窗洞本来就长不了，这样部分很重要的墙肢，经计算纵筋竟出现 Φ25，我以为这样的处理方法为地下一层的需要而牺牲了整个上部墙体布置的合理性，是不推荐的方法。另外一种布置方法我认为比较合理，上部山墙的墙肢设计成长肢，而到了地下室只是个墙肢上开洞的问题，应该是不难处理的问题。

周期折减系数，差不多每次计算时都会用到，到底怎么取值，大家往往不假思索，规范上规定用砌体墙，剪力墙结构 0.8~1.0，框架–剪力墙结构 0.7~0.8，框架筒体结构 0.8~0.9，框架结构

0.6~0.7，只要规范上有照着取值是没有错的，但是不妨取不同折减系数试一下，结果是不同的。

实际上这个折减系数是可以算出来的，不过比较麻烦，用砌体墙的刚度与原有结构的刚度比较就可以了。

现在用实心砖墙作砌体墙的越来越少，大都采用一些轻质隔墙，这些墙体对刚度的贡献极小。

高层的钢筋混凝土剪力墙本身刚度极大，而填充墙数量少，刚度小，用 1.0 的折减系数也是没问题的，有的框筒结构，本身面积不大，除核心筒外，没有几道隔墙，外墙又用幕墙，几乎没增加平均刚度，故而建议在采用周期折减系数时作一些具体分析，而不是随意套用规范的低值，这样能比较符合实际情况，又有较好的经济性。

24

大跨度楼盖的结构优化

涂　辉

摘要：现在很多大跨度的建筑优先采用的都是经济适用、施工简便的钢结构桁架和网架体系和节约空间、减少自重的预应力结构体系，而基于本工程使用和耐久性年限的要求，无法采用钢结构和预应力结构体系。为了满足设计要求，通过反复论证决定采用型钢混凝土结构体系，并对比分析不同的结构布置形式对结构体系的影响，及型钢混凝土桁架结构与普通型钢混凝土结构的优缺点。

关键词：大跨度楼盖 [1]，型钢混凝土 [2]，耐久性年限 [3]，优化 [4]

1　工程背景

　　国际禅修院工程为寺庙建筑，寺庙方要求使用年限达到 500 年，超出了规范对建筑物使用年限的设置范围，经协商按 100 年的耐久性年限设计，另该建筑要求尽可能大的使用空间，最大跨度达到 36m，且要求不能使用钢结构、预应力的结构体系。

2　工程概况

　　本工程位于江西省永修县云居山。拟建建筑为 1 栋 2 层的圆通宝殿，高约 36m，长 96.6m，宽 66m，一层层高 7.8m，最大跨度 27m，二层层高 18.9m，最大跨度 36m，屋面为坡屋顶。

3　原有结构体系

　　按图 1~ 图 4 中所示设置大殿柱网，一层 7.8m 层高，下面为大讲堂，而 27m 跨度梁不能使用钢结构和预应力，为控制梁高采用型钢混凝土梁，与其连接柱亦设计成型钢混凝土柱，27m 跨为主梁受力方向。

　　闷顶和屋面大跨度梁亦采用型钢混凝土梁，在坡屋面柱顶增设水平拉梁。

4　优化后结构体系

　　取消 7.8m 标高楼层⑥轴大殿处的两个柱子，以加大使用空间，大殿两个方向跨度均为 36m。

　　屋面层高处取消③轴中间的两根柱子使坡屋面的结构对称，沿平行坡屋面方向设置 4 根桁架梁，并通过立柱和水平拉梁形成刚度和质量分布更为均匀的坡屋面受力体系（图 6）。

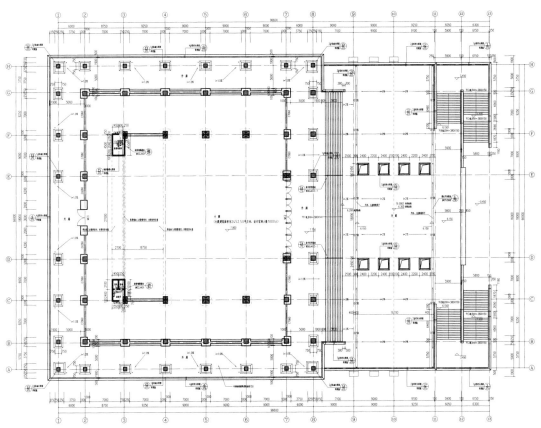

图 1 原方案 7.8m 标高建筑平面布置图

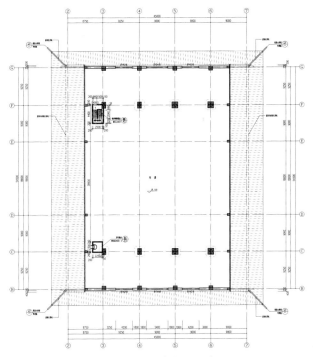

图 2 原方案闷顶标高建筑平面布置图

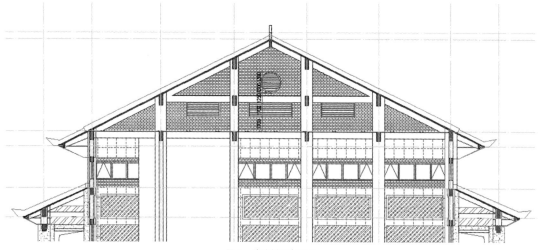

图3　建筑剖面布置图

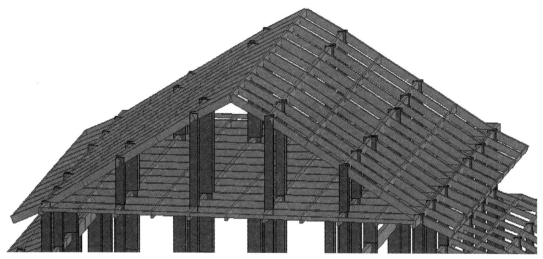

图4　原方案屋面结构布置图

5　两者之间的比较

1. 7.8m 层高处梁的布置

原方案 27m 跨度为主受力方向，其垂直方向柱距 36m，通过计算分析，27m 跨度梁刚度偏大，变形过小，而 36m 跨度梁，梁长相对更长，梁高更低，刚度更小，其变形更大，使得两者变形不协调，内力分布也不均匀。此外，型钢梁形成主次梁，节点处不等高的钢梁交接对钢梁的翼缘和腹板不利。

方案优化后，取消了⑥与Ⓓ、Ⓔ轴交点的两根柱子，使建筑空间更完整的同时，形成东西方向 2 根 36m 跨度梁和南北方向 3 根 36m 梁，梁长和梁的截面尺寸一样，通过计算分析，楼层结构两个方向大跨度梁刚度相近，变形较为协调，内力分布较前者更均匀，充分发挥出两个方向梁的承载力。截面一致后形成井字梁体系，节点处梁高相同，通过设置整体的交叉节点，能够很好地符合井字梁

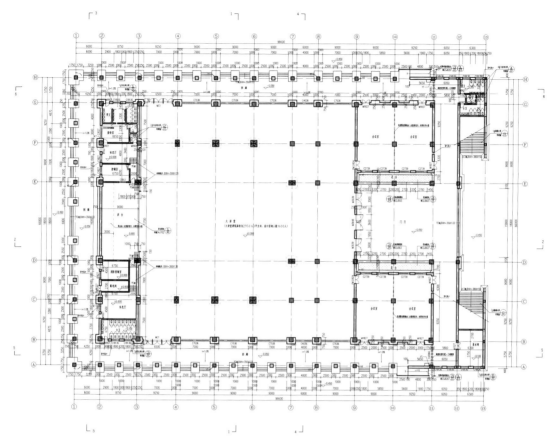

图 5　优化后 7.8m 标高建筑平面布置图

图 6　优化后屋面结构布置图

的受力特点。在节点设计上，在工字钢腹板上按次梁间距开洞形成蜂窝梁，既能够加强型钢混凝土梁的整体性，又便于梁底筋贯通。

2. 屋面层高处梁的布置

原方案闷顶和屋面分别采用型钢混凝土结构，在柱网上看，尽管形成了双向 36m 跨度的梁，但整个闷顶和屋面结构并不是对称的，对结构受力不利；特别是屋面，在坡度方向上大跨度梁需要承担很大的侧向力，坡顶折梁受力也过大，且型钢梁坡顶节点难以形成支座。如图 6 所示，闷顶和屋面通过这种方法组成的体系整体性不够。

优化后，取消局部框柱，使整个结构体系对称，考虑为坡屋顶，充分利用闷顶空间采用桁架结构，其中双向桁架形成的空间桁架结构对建筑使用空间、结构的安全性、合理性来说是非常合适的，但本工程地处江西省云居山，施工机械的进场和施工水平受限，空间桁架结构的节点太过复杂难以采用。因此，综合上述要求，采用单向桁架，斜杆采用钢结构，降低节点施工的复杂度，可更换的斜杆方便在结构生命周期内的维护工作。桁架梁结合立柱形成的结构体系使屋面柱距减小，并通过普通混凝土梁的拉结，其受力更加合理。

6 结论

从对本工程的分析比较可知，大跨度结构体系应尽可能使结构对称布置，对层高没有限制时宜采用网架和桁架结构，应充分考虑施工对其的影响，另外，也要加强其节点的设计，提高施工质量。

参考文献

[1] 建筑结构优秀设计图集6 [M]，2006.
[2] 钢与混凝土组合结构理论与实践 [M]，2008.
[3] 混凝土结构耐久性设计规范 [S].
[4] 建筑结构设计优化案例分析 [M]，2011.

　　本书出版承蒙建学建筑与工程设计所有限公司各分公司员工的大力支持，在此表示感谢。有些文章是很好的工作总结，由于篇幅限制及与本书的主题不够贴近未能入选，但可作为公司内部交流用，请见谅。现将未入选文章及作者姓名列后，以示感谢。

文章题目	作者姓名
吉林市某住宅小区采暖设计	吴建坤
雨水回收利用之我见	吴 英
浅谈山地小区给排水外线的设计	杜 平
天津滨海新区响螺湾温州大厦3号、4号楼的加层加固的设计体会	王新宇 谢援军
熟悉绿色建筑对给排水设计的要求	王小琼
结构设计与绿色建筑	朱兴福
深圳信息学院环境分析报告	李育松
浅谈某高层剪力墙结构住宅小区剪力墙的合理配筋——合理利用与节约材料资源	董 威
高层住宅结构设计之方案比选	朱晓丽
呀诺达B酒店电气节能设计	成粉强
鲁班文化展览馆的节能成长历程	王品彪
淳大香槟年华国际社区56号楼（酒店）优化成果	罗小庆
地下室结构设计与施工中的节能节材	邹志新 刘 勇
经济日报社空调系统排风热回收设计及经济技术分析	李 含
论绿色建筑中的暖通空调技术的应用	程永春
住宅建筑地下室汽车库通风设计探讨及几点优化建议	陈 屾

丛书编写组